原発より危険な六ヶ所再処理工場

舘野淳、飯村勲、立石雅昭、円道正三

本の泉社

《目 次》

第1章 再処理工場とは何をするところか（舘野 淳）……………… 5
　1　再処理工場の特徴 ………………………………………………… 6
　2　資源100倍・夢の原子炉の終焉 ………………………………… 12
　3　再処理工場の仕組み ……………………………………………… 15
　4　放射性物質の閉じ込めと臨界防止 ……………………………… 19

第2章 六ヶ所再処理工場の仕組みと運転経験から見た問題点
（飯村 勲）……………………………………………………………… 23
　1　六ヶ所再処理工場建設の経緯 …………………………………… 24
　2　六ヶ所再処理工場の仕組みと工程 ……………………………… 25
　3　運転・保守の難しさと危険性 …………………………………… 38
　4　解決困難な技術的問題点など（その1）………………………… 41
　5　解決困難な技術的問題点など（その2）………………………… 46
　6　人、インターフェイス、お金と時間 …………………………… 50
　7　なぜ再処理工場が必要なのか …………………………………… 55
　8　終わりに …………………………………………………………… 57

第3章 原子力規制委員会は何を審査したのか（舘野 淳）………… 59
　1　適合性審査の経緯 ………………………………………………… 60
　2　再処理工場の重大事故選定の困難さ …………………………… 61
　3　いくつかの重大事故とその対策 ………………………………… 62
　4　適合性審査の問題点 ……………………………………………… 69

第4章　六ヶ所再処理工場の耐震安全性（立石　雅昭）……………71
1　核燃サイクル諸施設敷地直下の活断層－六ヶ所断層 …………… 73
2　長大な陸棚外縁断層の評価について ……………………………… 77
3　下北半島の隆起と地殻変動 ………………………………………… 79
まとめ …………………………………………………………………… 81

第5章　動燃東海再処理工場の建設・試運転などが示したもの
（円道　正三）…………………………………………………………… 83
1　はじめに ……………………………………………………………… 84
2　日本の再処理計画 …………………………………………………… 85
3　TRPの設計 …………………………………………………………… 86
4　TRPの安全審査 ……………………………………………………… 87
5　TRPの建設 …………………………………………………………… 88
6　TRPのしくみと特徴 ………………………………………………… 89
7　通水作動、化学、ウラン、ホットの各試験・操業運転 ………… 90
8　衆議院科学技術振興特別委員会で再処理問題での集中審議 …… 94
9　おわりに ……………………………………………………………… 96

第6章　世界の再処理工場とその事故例（舘野　淳）………………99
1　世界の再処理工場 …………………………………………………… 100
2　再処理工場の事故例 ………………………………………………… 103

第1章

再処理工場とは何をするところか

舘野 淳

1 再処理工場の特徴

○しばしば大事故を起こした再処理施設

　福島事故は、原子力発電所で重大な事故が起きれば深刻な災害が発生することを私たちに教えてくれました。しかし原子力発電のシステムを成り立たせているのは原子力発電所だけではありません。発電所に供給する核燃料の製造から使用済み燃料の処分に至るまでの核燃料の流れ——核燃料サイクル——がスムーズに働いて初めてこのシステムを維持できます。私たちはとかく原子力発電の表の顔ともいうべき原子力発電所だけを問題にしがちですが、原子力発電の「裏の顔」である核燃料サイクルや、その中心的施設である再処理施設にも、もっと目を向ける必要があります[1]。

　福島事故以前でも、スリーマイル島事故やチェルノブイリ事故など、発電所の事故はしばしばマスコミでも報道され、その危険性はよく知られるようになりました。ところが核燃料サイクルの方は、核燃料の処理・処分という、ある意味では地味な役割であるために、また開発当事者が問題を先送りしていたために、あまり話題にもならずに現在に至っています（唯一の例外は1999年に発生した核燃料製造施設である「JCO東海事業所臨界事故」です）。この本は、その核燃料サイクルの中心的な施設である再処理工場の安全性について知るために書いたものです。

　米国、ロシア、英国の再処理工場は、第二次大戦時から冷戦期にかけて、核兵器製造のために建設されたプルトニウム生産の技術がそのまま使われ、施設としてもこれを転用、拡充したものがほとんどです。これらの施設ではたびたび大きな事故が起きました。（詳細は第6章参照）例を挙げると、旧ソ連時代のウラル南東部にチャリアビンスクという秘密都市が建設され、そのなかでプルトニウム生産の中心を担ったマヤーク工業コンビナートでの事故（キシュテム事故ともいう）があります。1957年このコンビナートで高レベル廃液を入れたタンクが爆発して、チェル

ノブイリ事故の1/25にも相当するような大量の放射性物質が放出され1万人近くの住民が避難しました。事故は秘密にされ、のちに、英国に亡命していたソ連の反体制派科学者にジョレス・メドベージェフが『ウラルの核惨事』という本を書いて暴露しました。またこの施設では、操業の初期に大量($4×10^{18}$Bq)の高レベル廃液をそのまま付近のカラチャイ湖に垂れ流すという無謀な運転をおこなっていました[2]。

旧ソ連だけではありません。米国でも冷戦時代の軍事施設での環境汚染が問題になっています。核兵器用プルトニウム生産施設であるハンフォード・プラントで、150基の地下タンクに合計$2.5×10^8$ℓ（リットル）の超ウラン元素（TRU）という超長寿命の放射性核種の廃液が蓄積されていましたが、1973年4月から6月にかけてこれらのタンクからの地下への漏えいが相次いで発見されました[3]。現在この地域はワシントン州環境庁、合衆国環境保護庁、エネルギー庁の三者によって環境回復の法的枠組みがつくられ、除染が進められています。

今日の民生用再処理施設が軍事技術そのものとはいえませんが、同様な化学工程を用い、大量の放射性廃液が配管やタンクのなかに流れていて、潜在的な危険性を持つという点では同様であり、大量放射能放出・漏えい事故の発生する可能性は十分にあります。現に、軍事用プルトニウム生産施設のあった敷地に建設された民生用再処理工場である、英国セラフィールド（旧名ウインズケール）のソープ（THORP）工場では、廃液のリークに半年も気づかず、セルと呼ばれるコンクリート製の仕切りのなかに、プルトニウム約160kgを含む83m³という大量の放射性廃液がたまってしまうという事故が2005年に起きています[4]。

このような事故を見ると、民生用とはいえ、設計や運転管理にやはり軍事技術の思考・発想法が色濃く残っているとしか思えません。海外の技術をそっくり導入して建設されたわが国の再処理工場も同様で、同様な事故が発生する可能性がきわめて大きいのです。

再処理工場と原発との比較でいえば、電力会社の宣伝パンフレットが

述べているように原発では放射性物質は多重の壁に閉じ込められています（外側から、原子炉建屋、格納容器、圧力容器、燃料棒の被覆管、燃料ペレット）。福島事故のような大事故は別ですが、中小の事故では一応はこれらの壁によって放射能は食い止めることができ、その意味では、「閉じ込めの原則」はやはり放射能から人や環境を守る基本原則といえます。

再処理工場では、工程の冒頭から、燃料棒の被覆管は切断され、ペレットは硝酸で溶解され、いわば「裸の（非密封の）放射能」が工場内の容器（塔槽類という）や配管（六ヶ所再処理工場では配管の長さは1,300km）を流れている、きわめて「開放的な」施設なのです。

日本原燃の資料によると、このような非密封の放射性廃液は 2×10^{19} Bq であり、この他に密封された形で、ガラス固化体 1×10^{20} Bq、使用済み燃料 7×10^{19} Bq、MOX粉末 1×10^{19} Bq が存在するとしています（数値は最大保有の場合）。

後述のように、新規制基準に基づく適合性審査において、日本原燃は、この放射性溶液は、①配管などの壁、②セルと呼ばれるコンクリート製の箱の壁、③建屋の壁という3重の壁のなかに閉じ込められていると主張しています。しかしこれまでの事故でわかるように、容器・配管などの壁は、溶液中の強い硝酸などによってしばしば腐食・漏えいが起きています。処理の過程で用いられる有機溶媒（ケロシン、ドデカンなどの石油製品）の火災や爆発、水の放射線分解によって生じる水素ガスの爆発、有機溶媒と硝酸、放射線が共存することによって生じる硝酸化合物の爆発など火災・爆発事故によってセルや建屋の壁が破損する可能性があります。さらに地震による破損も考えられ、再処理工場の放射能閉じ込めの壁は決して強固なものではありません。核燃料施設特有な臨界事故（後述）の危険性も見逃すことができません。いったん事故が発生すれば、高放射線下での作業は困難を極めます。そもそも修理が可能なのかさえ定かではありません。

六ヶ所再処理工場に関しても、本書執筆時点で、適合性審査がおこなわれています。原発と比較して、適合性審査において、再処理工場の安全性はどのように扱われているのでしょうか。

○再処理工場のシビアアクシデント

同じ原子力施設でも、原発では事故のシナリオも比較的限られており、どのような経緯で事故が起きるかという道筋が想定しやすく、冷却材喪失事故（スリーマイル島事故や福島事故がその例）と反応度事故（核暴走事故、チェルノブイリ事故がその例）の二つが大きな事故の典型例です。わが国で使われている原発の「軽水炉」では、特に前者の冷却機能が失われて、炉心溶融に至る事故がほとんどです。そこで新規制基準では、冷却機能が失われる事故に絞って、特に重大なものをシビアアクシデントと指定して、その対策を集中しておこなうという手法をとりました（施設の設計者があらかじめこのような事故が起きると想定して設置してある安全装置で収束できる事故を設計基準事故とよび、この設計基準事故を超える深刻な事故、つまりあらかじめ設置してある安全装置では収束できないような深刻な事故をシビアアクシデントと呼びます。新設計基準ではシビアアクシデントを「重大事故」と名付けています）。つまり次々と安全装置が働かず、炉心溶融のようなシビアアクシデントに至っても、さらに、水素の爆発防止策、フィルター付きのベント施設の設置、避難の徹底などの、シビアアクシデント対策が取られているので、放射能災害を食い止めたり緩和したりすることができるので、福島事故のように大災害には至らないという考え方です。

ここでは詳細は省略しますが、原発に関する新規制基準自体、これまで「絶対に」起きないとしていたシビアアクシデントを運転の前提とするなど、簡単には認めることができない問題を含んでいます。しかし、再処理工場の適合性審査の前提となるシビアアクシデントはさらに問題です。というのは、原発に対して再処理工場の方は、事故の形態も事故

の進行シナリオも複雑多岐にわたるため、これがシビアアクシデント対策だという決め手がありません。

日本原子力学会再処理・リサイクル部会・核燃料サイクル施設シビアアクシデント研究ワーキンググループ報告書『核燃料サイクル施設における対応を検討すべきシビアアクシデントの選定方法と課題』(2016年9月30日)は次のように述べています。

「サイクル施設のシビアアクシデントは、これまで定義されていなかった。(中略)サイクル施設のシビアアクシデントは、多種・多数のシナリオからなる可能性があり、それらの発生可能性および影響は様々であって、発電用原子炉施設のように炉心損傷、それに引き続き発生する可能性のある格納容器破損のように単一ではない。それゆえ、様々な事故シナリオの発生可能性及びその影響の大きさ、即ちリスク評価の結果として得られるリスク情報を活用した対応を図る必要がある」

結局規制委員会は次の6つを重大事故に選定しました。①臨界事故、②冷却機能喪失による蒸発乾固、③放射線分解により発生する水素の爆発、④有機溶媒などの火災・爆発、⑤貯蔵施設内の使用済み燃料の著しい損傷、⑥放射性物質の漏えい。これらの詳細については第3章で説明します。

新規制基準による適合性審査が今後どのように進行するか予断は許しません。しかし、高速増殖炉「もんじゅ」廃炉(2016年9月21日「廃炉を含む抜本的見直し」を決定)にあたって政府は「核燃料サイクルや再処理を維持する」と言明しています。国の政策として再処理を保持するという以上、どんな理屈をつけてでも、規制委員会は再処理工場の稼働を認めるはずです。だからこそ、いま、この再処理工場の危険性を明確にしておく必要があります。

さらに、再処理工場にはこれまで2兆2,000億円(日本原燃HP)というきわめて巨額の費用が投入されています。操業を始めてもし大事故を

起こしたらさらに追加の費用は計り知れません。危険でお金のかかる再処理工場に、いったいどんなメリットがあるのでしょうか。

○再処理の二つの目的

なぜ再処理をおこなうのでしょうか。

再処理とは原子炉から取り出した使用済み核燃料を解体、化学的に処理して、①原子炉のなかで新たに生じたプルトニウム、②燃え残りのウラン（回収ウラン）、それに③高レベル廃棄物（核分裂生成物）の三つに分けるプロセスであり、別の言い方をすれば、プルトニウムを取り出す技術です。プルトニウムは核分裂性の物質ですから、これを原子炉の燃料にすることができ、また場合によっては核兵器の材料にもなります。つまり大変「有用な」物質であるプルトニウムを取り出すために開発された技術なのです（以下ウランをU、プルトニウムをPuと書く場合もあります）。

プルトニウムを使わないならば「ワンス・スルー」（一回きりの使い捨て）といって使用済み燃料を再処理せず、そのまま保管したり地層処分する選択肢もあります。使用済み燃料を解体してパンドラの箱を開けるよりも、そのまま処分する方が利口なのではないかという考えには十分理由があります。現に米国では、カーター政権のときに、商業用再処理はすべて廃止して、このワンス・スルー方式を取ることにしています。プルトニウムを使わないならば、再処理をしないこちらの方法が利口なやり方です。

再処理推進論者は、再処理の効用を主に、①取り出したプルトニウムの資源効果、②放射性廃棄物管理の容易さ、の2点から主張しています[5]。そこで本章でもこの2点から再処理の意味を検討してみましょう。

2　資源100倍・夢の原子炉の終焉

○やっと出された「もんじゅ」の廃炉宣言

　再処理をおこなった場合、取り出したプルトニウムの本来の使い方は、高速増殖炉の燃料として利用することです。(図1)

　鉱山から採掘される天然ウランのなかには、核分裂性のU−235はわずか0.7％しか含まれず、残りの99.3％は核分裂をしないU−238です。このU−238は現在の原発(軽水炉)では燃えません〔235などの数字は原子の重さ(質量数)。同じウランでも質量数が異なれば、化学的性質は同じだが、核分裂などに関する核的性質は全く異なります。数字が出てややこしいかもしれませんが「燃えるウラン」、「燃えないウラン」として区別してください〕。したがって、現在のように軽水炉でウランを燃やしている場合は、ウラン資源の99％が無駄に捨てられてしまいます。一方、高速増殖炉を使えば、燃えないウラン238をプルトニウムに変えてこれを高速炉の燃料として用いれば、理論的には、ウラン資源を100％利用することが可能で、軽水炉でただ燃やす場合に比べて資源量は100倍近く増加します。

　世界のウラン資源があと何年もつかを示した可採年数は110年程度といわれていますが、もし高速増殖炉利用により資源量が100倍になればあと1万年は使えることになり、ほとんど無期限に使えるということができます。これほど大きなメリットがあるからこそ、ばく大な資金を投じて、危険な再処理工場を動かそうという考え方もありました。

　しかしこの高速増殖炉は技術的に大変難しく、米国・フランスなど先進的に開発を進めていた諸国でも実用化をあきらめていました。わが国では原型炉と呼ばれる中間規模の試験炉「もんじゅ」が1995年12月ナトリウム漏れ火災事故を起こし、以来停止していましたが、本書執筆時点の2016年9月21日、政府が「廃炉を含めて抜本的見直しをおこなう」として実質的な廃炉宣言をおこないました。事故以来20年、「多数の

点検漏れ」事件に象徴されるように、使わないうちに老朽化してしまったのです。フランスなどが技術的困難さから開発を放棄してしまった高速炉を、老朽化問題を抱えながら運転を開始するのはいかにハイリスクのギャンブルであるか、少し技術の問題に通じた人ならば理解できるはずで、その意味では、遅きに失したともいえる廃炉宣言は至極当然の決定でした。

電力会社が高速増殖炉の運転に冷淡であったことも、この決定が出された原因の一つであると考えます。政府内部で経産省が廃炉を推進、文科省がこれに反対したのは、単に官僚の縄張り争いだけではなく、「もんじゅ」というお荷物を捨てたいという電力の意向が強く働いたことを意味しています。ただし後述のようにただ「もんじゅ」を廃止にしただけでは、再処理・高レベル廃棄物の処分などの核燃料の流れの下流分部

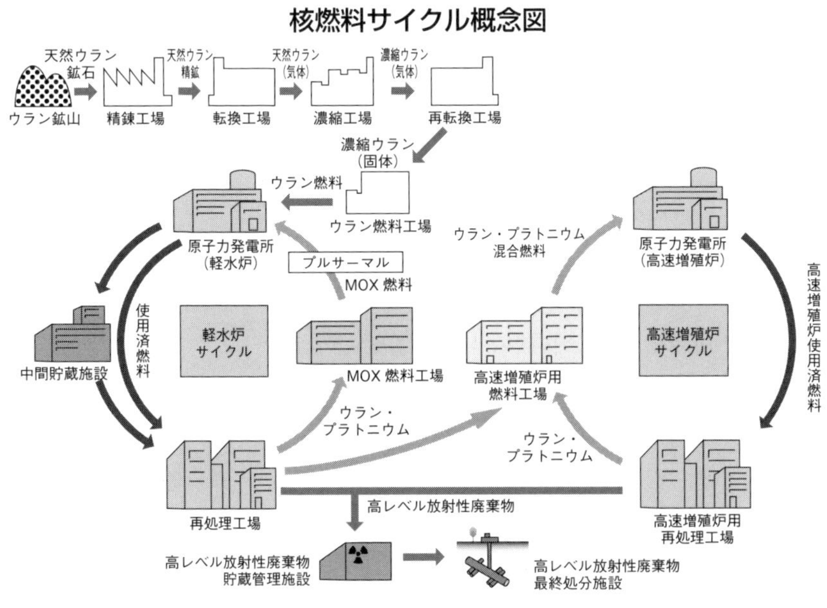

核燃料サイクル概念図

図1　核燃料サイクル概念図（経済産業省　資源エネルギー庁HP：
http://www.enecho.meti.go.jp/about/whitepaper/2007commentary/11.html）

（バックエンド）に問題が生じてしまうので（例えば青森県知事は「もし再処理をやめるならば、六ヶ所再処理工場に貯蔵されている各地原発からの使用済み燃料は、直ちに原発側に送り返す」と常々表明してきました）、政府は同時に「核燃料サイクルの堅持」「将来の高速炉の研究・開発の維持」を言明せざるを得ませんでした。

このような事情で、現時点では、上述の夢のような資源100倍の高速増殖炉抜きで核燃料サイクルは成り立つのか検討する必要があります。

○プルサーマルのメリットという虚構

プルトニウムは現在用いられている原発（軽水炉）でも燃やすことができます。高速増殖炉が「高速」中性子を用いて核反応を起こさせているのに対して、軽水炉では「低速」の中性子（熱中性子、サーマル・ニュートロンという）を用いて核反応を起こさせているので、これをプルトニウムのサーマル利用（プルサーマル）と呼びます。（図１）

天然ウランや回収ウランのウランと再処理工場で取り出されたプルトニウムを数％混合して作ったいわゆるMOX燃料を通常の軽水炉ウラン燃料とともに装荷して使います。この場合の資源量の増加は、せいぜい従来の20％程度にしかすぎず、上の可採年数でいえば20～30年程度しか増えません。高速増殖炉の資源量の増加1万年に比べればごくわずかのものです。その意味で、プルサーマルによる資源量の増加をメリットとして強調するのは詐欺のようなものです。

またプルサーマルをおこなった場合、MOX燃料を燃やした使用済み燃料のなかには、高次化プルトニウムといって「燃えないプルトニウム」が生じます。これをどのように処分するのでしょうか。推進論者は、（私の知る限りでは）誰も高次化プルトニウムの問題に触れていません。そもそもMOX燃料の再処理技術は確立していません。こうした技術問題を先送りしながら、大間原発ではすべての燃料をMOX燃料とする「フルMOX」計画が進められています。こうした核燃料サイクル計画はき

きわめて無責任といわざるを得ません。

  ○放射性廃棄物と再処理
　再処理の推進論者は、使用済み燃料の直接処分(使用済み燃料をそのまま地層処分する米国方式)に比較して、再処理をおこなった場合、高レベル廃棄物の管理が容易になるというメリットを挙げています。すなわちプルトニウムという超長寿命(Pu−239で半減期24000年)の放射性物質を取り除くため、高レベル廃棄物の放射能の減衰が早く、また発熱量も小さくなると述べています。確かにその通りですが、現在の再処理のやり方では、プルトニウム以外の超長寿命の放射性物質〔超ウラン元素(TRU)とかマイナーアクチニドなどと呼ばれる、超長寿命の半減期を持つ、アメリシウム、キュリウムなどの放射性物質〕は取り除かれないため、現在の再処理工場から取り出した高レベル廃棄物がきわめて長い期間放射線を出し続けることは周知の通りです。もし本気で、高レベル廃棄物の寿命を短くしようとするならば、群分離という技術を用いて、超ウラン元素も取り除く必要があります。こうして取り出した、超ウラン元素とプルトニウムを「燃やしてしまう」ためには基本的には高速炉が必要です。その高速炉の技術が上述のように手に負えないのであれば、再処理の必要はありません。問題はそこに戻ってくるのです。

3　再処理工場の仕組み

　再処理工場の詳しい仕組みは第2章で詳しく述べますが、配管の長さだけで1,300kmもあるという迷路のような工場内に分け入る前に、その準備としてどのような仕組みになっているのか、ざっと見ておきましょう。
　一万基ものポンプや反応槽などの機器類からなる工場は複雑ですが、その原理は抽出・分離精製・酸化と還元など高校の化学の教科書で習う

簡単なものです。

　再処理とは上に述べたように、使用済み燃料のなかの核分裂生成物とウラン・プルトニウムを分離・回収する作業ですが、もともとは核兵器の原料であるプルトニウム製造のための技術からスタートしました。マンハッタン・プロジェクトにおける原爆製造用のプルトニウムの分離は、1942年グレン・シーボルグなどによって始められました。当初、リン酸ビスマス法、REDOX法などが用いられましたが、原爆材料のための分離工場として建設されたハンフォード・サイトの施設類を含め、以後世界のほとんどの軍事用プルトニウム分離施設および民生用再処理施設はピュレックス(PUREX)法という方法を採用しています。ピュレックス法とは溶媒抽出法ともよばれ、二層に分かれる有機溶媒相と水溶液相とで核分裂生成物とウラン・プルトニウムの溶解度が異なることを利用して分離する方法です。

　図2にこれを模式的に示しました。「水と油」という言葉がありますが、容器のなかで軽い油(有機溶媒)は上に、重い水溶液は下にと2層に分かれます。使用済み燃料のなかには燃え残りのウラン、生成したプルトニウムと、あらゆる元素を含む核分裂生成物が存在しますが、これをすべて硝酸で溶かして水溶液として、さらにこれに有機溶媒〔リン酸トリブチル(TBP)という薬品をケロシンなどの石油成分で薄めたもの〕を混ぜてよく振ったのち静置してやると、U・Puは上の有機溶媒相に、核分裂生成物(FP)は下の水相に溶けるので、別々に回収できる——これが溶媒抽出法の原理です。

　この溶媒抽出の部分は再処理工場のいわば心臓部にあたり、もう少し具体的に述べると、まず供給した「ウラン・プルトニウム・核分

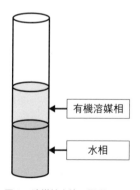

図2　溶媒抽出法の原理

第1章　再処理工場とは何をするところか

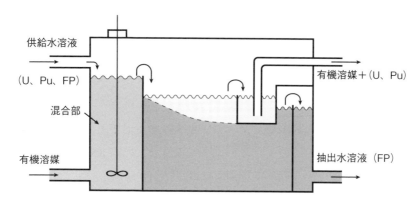

図3　ミキサーセトラーの原理(U、PuとFP分離の例)

裂生成物を硝酸に溶かした水溶液」と「有機溶媒」をよく混ぜなければなりません。この混ぜたのち分離するための装置がミキサーセトラー(図3)やパルスカラム(図4)です。

パルスカラムでは、硝酸に溶解された溶液はカラムの上部から供給され、下部へと流下し、溶媒は下部から供給します。溶媒は溶解液より軽いので上部へと上

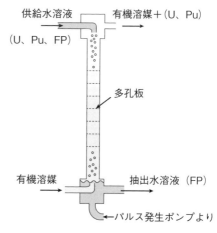

図4　パルスカラムの原理(U、PuとFP分離の例)

がっていきます。その間に溶解液中のFPは溶液に残り、U・Puは溶媒に抽出されるのです。この分離・抽出を促進させるために、圧搾空気をパルス状に下部に送りこみます。

17

この溶媒抽出法を用いて再処理工場のなかでは、次のような流れで使用済み燃料が処理されています[6]。
① 受け入れ貯蔵：各地の原発で発生した使用済み燃料はそのサイト内で一定期間保管したのち、再処理工場で受け入れて貯蔵施設に保管されます。使用済み燃料の短寿命の放射線の強度が一定レベルに下がるまで、また放射線によって発生する熱（崩壊熱）が減衰して一定レベルに下がるまで、このように保管しておかないと、工程の中で様々なトラブル発生の原因となります。
② 燃料集合体のせん断：燃料棒はジルコニウム合金のさや（被覆管）の中に二酸化ウランというセラミック燃料のペレットを詰めたものです。燃料棒は50本ほど束ねた燃料集合体という形で原子炉の中に入っています。この工程では燃料集合体を5cm程度の長さに機械でせん断し、中の燃料ペレットを取り出します。ペレットは切断された被覆管ごと次の溶解工程に運ばれます。
③ 燃料溶解：濃い硝酸に上記ペレットと被覆管を入れます。二酸化ウランのペレットは溶解し、被覆管（ハル）は溶解しないので、分離することができます。この際放射性ガスのトリチウム（放射線を出す重い水素）、クリプトン、ヨウ素は排気系に排出されます。これらのうちヨウ素はフィルターで捕捉できますが、他は環境に放出されます。またある種の核分裂生成物（ルテニウム、ロジウム、パラジウムなど）は不溶性の粒子（不溶性残渣）として残りますが、以後の工程での支障になるのでろ過するなどして取り除きます。こうして硝酸に解けたウラン、プルトニウム、大部分の核分裂生成物が次の工程に送られます。
④ 分離工程（共除染ともいう）：再処理工場の心臓部です。除染とは放射性物質（核分裂生成物）を取り除くことです。上に述べた溶媒抽出法を用います。溶解工程から取り出した硝酸水溶液を有機溶媒とともに、パルスカラムなどに入れて撹拌すると、ウランとプルト

ニウムが有機相に抽出され、核分裂生成物は水相に残るので、ウランとプルトニウムだけが硝酸塩の形で分離することができます。
⑤ 分配工程および精製工程（ウランとプルトニウムの分離と精製）：有機溶媒相のウランとプルトニウムを、還元剤を入れた水相に接触させると、プルトニウムだけが原子価が４から３に変わり（還元され）、水相に移行して、ウランと分離されます。これらはさらに精製工程で処理され、ウランとプルトニウムを別々に取り出します。
⑥ 脱硝工程：上記ウラン硝酸化合物は、加熱することにより酸化物となり、この形で保管されます。なおプルトニウムはわが国では、核拡散防止の観点から、米国との交渉の結果、単独では分離せず、硝酸化合物としてウランと混合して加熱・脱硝を行い、ウラン・プルトニウム混合酸化物（MOX）として取り出し、保管します。
⑦ 高レベル廃棄物のガラス固化：分離された核分裂生成物（FP）はきわめて強い放射を出す溶液なので、ガラス固化施設で、ガラスと混ぜて溶融固化し、キャニスターと呼ばれるステンレス製の容器に詰めて保管されます。

4　放射性物質の閉じ込めと臨界防止

○放射性物質の閉じ込めと放射線防護

　再処理工場内では、化学反応や分離、精製などの操作をおこなうために、高濃度の放射性液体や気体が、多くの貯槽や反応塔など(以下塔槽類)の容器から容器へと配管を通じて送られます。この気体や液体が直接環境に漏れることを防止するために、閉じ込めシステムが設けられています。塔槽類はセルと呼ばれる建屋内のコンクリート製の仕切りのなかに収められています。放射性ガスはオフガス系フィルターを通して外部へと排出されます。

　建屋のなかでは、ホワイト区域→グリーン区域(制御室など)→イエ

ロー区域(サンプリング等作業室)→レッド区域(塔槽類、配管などをおさめたセル)の順に圧力が低くなるような「負圧管理」がおこなわれており、セル内に漏れだした放射性物質が、さらに外側の区域に漏れださないようになっています。しかし電源喪失などが起きればこの負圧管理は破たんすることを意味します。

たとえ放射性物質が閉じ込められていても、透過性の高い中性子線やガンマ線による被ばくを防ぐために、作業者は遮蔽(壁)を隔てて、マニプレーターなどを使って遠隔操作をしなければなりません。全面マスクなどの防護装備を着用して遠隔操作をおこなうような場合は、神経をすり減らし、極端に作業の正確性や効率性は低下します。緊急時の対応などもきわめて困難になります。

〇 **臨界管理**

前にも述べたように、核分裂性のウランやプルトニウムがある一定量(臨界量)一ヵ所に集まると、核分裂反応が連鎖的に起こり、継続して放射線や熱を発生するようになります。これを臨界といいます。臨界を防ぐには、核分裂性物質を一ヵ所に集めなければよいので、容器に入れる物質の量や濃度を制限します。これを質量管理、濃度管理と呼びます。また制限を超えて扱う場合には、容器の形を極端に細長くしたり、環状にしたり、薄っぺらくしたりしてて、液が一ヵ所に集中するのを防ぎます。これを形状管理と呼び、これらを合わせて臨界管理とよんでいます。また必要に応じて中性子を吸収するホウ素などを材料とした中性子吸収剤を用いる場合もあります。

このような臨界管理をおこなっても、溶液中で予想していなかった沈殿が発生、これが容器内に蓄積して臨界事故を生じることもあり、万全の予防がなされるというわけにはいきません。臨界事故が生じると、発生した中性子線はきわめて透過力が高く、コンクリート壁なども透過するので、作業員は直ちに工場内から避難しなければなりません。したがっ

てその後の事故対応も直ちにおこなえるという保証はありません。1999年に発生したJCO東海事業所臨界事故でもわかるように、周辺の住民も中性子線の被ばくを受けることになります。

○冷却の継続

原子炉が停止しても冷却を続けなければ、崩壊熱（放射線による熱）によって温度が上昇し、重大な事故を引き起こすことは福島事故で証明されました。福島では特に使用済み燃料プールにストックされている使用済み燃料の発熱や臨界が大変心配されました。使用済み燃料を溶解した溶液が流れている再処理工場でも、冷却が停止するとたちまち容器や配管中の溶液は蒸発乾固して、ついにはルテニウムなどの気化しやすい物質が気体となり環境中に漏れ出す可能性があります。この意味で、冷却停止につながるような停電などもあってはならない事態です。

［注］
1　市川富士夫、舘野　淳『地球をまわる放射能』大月書店、1989年
　　舘野　淳、野口邦和、吉田康彦編『どうするプルトニウム』リベルタ出版、2011年、も参照されたい。
2　中島篤之助『地球核汚染』リベルタ出版、1995年
3　IAEA "Significant incident in nuclear fuel cycle facilities", 1996.
4　HSE "Report of the investigation into the leak of dissolver product liquor at THORP, Sellafield, notified to HES on 20 April 2005" 英国原子力規制庁（ONR）HP
5　例えば、山名元『間違いだらけの原子力・再処理問題』WAC、2008年
6　市川富士夫「プルトニウムを取り出す再処理工場」、舘野淳、野口邦和、吉田康彦編『どうするプルトニウム』リベルタ出版、2011年

第 2 章

六ヶ所再処理工場の仕組みと運転経験から見た問題点

飯村 勲

1　六ヶ所再処理工場建設の経緯

日本原燃株式会社(以下 JNFL)の六ヶ所再処理工場(以下 RRP)[1~4]は日本で最初の商業用再処理施設で、敷地は青森県上北郡六ヶ所村尾駮字沖付4番地108、下北半島の付け根の太平洋側標高55mの場所にあり、1993年着工しました。しかし計画の変更が二十数回にもおよび、現在に至るも、使用前検査すら終了していません。トラブルが相次ぐ建設の経緯を下表にまとめました。

表　六ヶ所再処理工場建設経緯

年次	事項
1989年	再処理事業指定申請
1992年12月24日	再処理事業指定
1993年4月28日	RRP着工
1996年1月23日	RRPの建設計画見直しを公表：総工費を当初の7,600億円から1兆8,800億円とし、運転開始時期を1997年から2003年1月とする。
2001年	通水作動試験開始
2002年	化学試験(Ch.T)開始
2004年12月21日	ウラン試験(U.T)開始
2006年3月31日	ホット試験(H.T、放射性物質を用いての各種試験)開始
2007年1月	ガラス固化施設のH.T開始(運転方法わからず。ガラス溶融炉の設計不良でうまく動かず)
2011年3月11日	東日本大震災発生。東電福島第一原子力発電所で大事故発生。
2013年5月	ガラス固化施設でH.T終了(6年かかってようやく終了する)
2013年12月18日	核燃料施設(再処理工場など)の新規制基準施行
2014年2月	RRPの新規制基準への適合性に係る審査開始
2016年2月19日	第100回審査会合で基準地震動700ガルとなる
2016年9月現在	適合性審査継続中

2　六ヶ所再処理工場の仕組みと工程 [4~8]

六ヶ所再処理工場（RRP）の仕組みを図１に示します。

再処理とは原発から使用済み燃料（spent fuel, SF）を受け入れて、これを燃え残りのウラン（U）、プルトニウム（Pu）、高レベル廃棄物（核分裂生成物、fission product, FP）に分離することを言います。使用済み燃料は専用のプールで15年間冷却（放置して放射能を低下させること）してから、①まず機械的に数cmに細切れにし、溶解槽に投入します。②次いで溶解槽でこれを硝酸で化学的に溶解し、溶媒抽出器に送り〈ウランとプルトニウム〉を、〈核のゴミである核分裂生成物（FP）〉と分離し、その後、③ウランとプルトニウムを分離（分配という）することがメインのプロセスです。溶媒抽出は、高校の化学でも学ぶことで、原理的には至極単純な方法です。

しかし、再処理工場は、高放射性の物質を多量に貯蔵し、処理するた

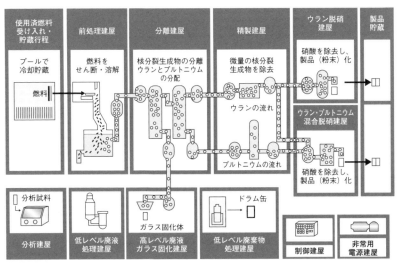

図１　再処理工程図
〔第７回適合性審査資料１：JNFL 分離建屋の施設概要（再処理工場内での位置付け）より作成〕

め、種々の対策が必要な巨大な化学工場なのです。
　六ヶ所再処理工場の工程の流れは図1のようになりますが、もう少し詳しく見てみましょう。

（1）使用済み燃料の受入・貯蔵工程
　天井クレーンや燃料取り出し装置などの機械で運転員が目視で受け入れ、取り出し、貯蔵をおこないます。
　各原発と同様な、ステンレスで内張りされた3つに区切られた巨大なプールで、最大貯蔵量は沸騰水型炉（BWR）使用済み燃料1,500トン、加圧水型炉（PWR）使用済み燃料1,500トン、合計3,000トンです。六ヶ所再処理工場では当初施行ミスで水漏れが生じ、補修したら再度漏れて数年かかって使えるようになりました。

（2）せん断工程と溶解工程
　せん断と溶解は、言うなれば一体で、2階にあるせん断機で、せん断された使用済み燃料の細片が1階にある溶解槽にシュートを通って落ちるようになっています。（図2）

　燃料貯蔵プールの送り出しピットからバスケット搬送機で上がってきた使用済み燃料の集合体は燃料横転クレーンによって、せん断機（図3）のマガジンに供給され、燃料送り出し装置で3～4cmずつせん断機に送り込まれて強力なせん断刃で、切断され、次々に下の溶解槽に落ちていきます。切断が始まると、「バリバリバリ」とすごい音が聞こえます。動燃東海再処理工場のせん断機はしょっちゅう、せん断片が挟まって動かなくなっていましたが、六ヶ所再処理工場のせん断機は順調に動いていたようです。パワーアップしたことと各部の隙間（クリアランス）が良好なためと思います。

第２章　六ヶ所再処理工場の仕組みと運転経験から見た問題点

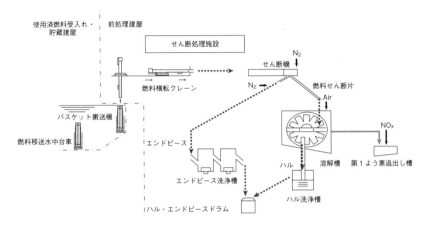

図２　せん断・溶解工程
〔第5回適合性審査資料1：JNFL前処理建屋の概要（せん断処理施設及び溶解施設概要）より作成〕

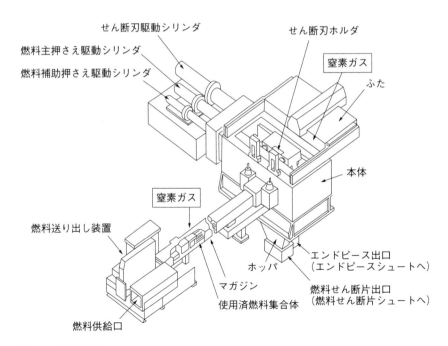

図３　せん断機概要図
〔第5回適合性審査資料1：JNFL前処理建屋の概要（せん断処理施設の火災及び爆発の防止）より作成〕

溶解槽(図4)は連続溶解槽で12個のバケットが付いた車輪が回転し、上記切断片の受け入れ、溶解、ハル(溶けないで残っている燃料被覆管の断片)の払い出しなどが連続しておこなえるものです。フランスで実績があり、六ヶ所再処理工場でも使用前検査などでいくつかのトラブルがありましたが、順調のようでした。しかし、メカ部分があり、本番で長時間動くのか気になります。

使用済み燃料(二酸化ウラン UO_2 のペレット)を濃硝酸(HNO_3)で溶解した溶解液は清澄機(遠心分離機)で不溶性残渣(金属のルテニウム、ロジウム、パラジウムなど)をろ過し、計量・調整槽で、RRPにPu,Uが何日何時に何kg入ったか(インプット)が決められます。後述のPu,U精製工程では、Pu,Uが何kg回収されたか(アウトプット)が決められます。それらの数値はIAEAに報告され、核拡散防止のための保障措置が取られているのです。

また、溶解オフガスは廃ガス処理設備〔DOG、p.34(7)(a)(イ)を参照〕でNOx(窒素酸化物)を吸収塔で硝酸として回収し、溶解工程にもどし、再利用します。

(3) 分離・分配工程 (図5)
(a) 分離工程

計量槽で計量管理した溶解液は、分離工程で、〈UおよびPu〉を核分裂生成物(FP)から分離します。それが再処理のメインで、溶解液を環状パルスカラムという装置(図6)で、UとPuを有機溶媒〔リン酸トリブチル(TBP)をノルマル・ドデカン($C_{12}H_{26}$)で30%に希釈したもの〕に抽出し、FPの大部分を硝酸溶液中に残存させて、分離するのです。

環状形パルスカラムとは、溶媒抽出器の一種で、図6に示すような構造をしています。

溶解槽で硝酸で溶解された溶液はカラムの上部から供給され、下部へ

第2章　六ヶ所再処理工場の仕組みと運転経験から見た問題点

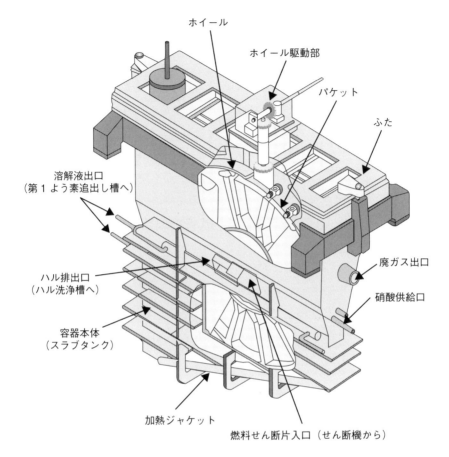

図4　溶解槽概要図
〔第5回適合性審査資料1：JNFL前処理建屋の概要(核燃料物質の臨界防止 3/3)より作成〕

と流下し、溶媒は下部から供給します。溶媒は溶解液より軽いので上部へと上がっていきます。その間に溶解液中のFPは溶液に残り、U、Puは溶媒に抽出されるのです。この分離・抽出を促進させるために、圧搾空気をパルス状に下部に送りこみます。すると分散板で溶解液と溶媒が攪拌され、U、Puが溶媒によく移行するのです。また環状形とは図6のように溶液、溶媒が流れるのは環状のところだけで、これは臨界が起

こらないようにするためです。

(b) 分配工程

次の分配工程で、有機溶媒中のUとPuを分けるのですが、Puは、3価にすると、有機溶媒から水相に移行する性質があり、これを利用します。つまり、分離工程からのUとPuを含む有機溶媒を環状パルスカラムのPu分配塔に送り、硝酸ウラナス($U(NO_3)_4$)を含むHNO_3溶液と接触させます。するとPuは$U(NO_3)_4$によりPu^{4+}からPu^{3+}に還元されて、Puは水相に逆抽出され、UとPuが分配されるのです。そしてPuは、U洗浄塔でUを除去し、TBP洗浄器でTBPを除去します。

一方、Uを含む有機相はPu洗浄器でPuを除去して、U逆抽出器で低濃度の硝酸と接触させてUを水相に逆抽出します。その後、TBP洗浄器で、TBPを除去し、U濃縮缶で濃縮します。こうして濃縮された硝酸ウラニル($UO_2(NO_3)_2$)および、逆抽出された$Pu(NO_3)_3$はそれぞれの精製工程に送られます。

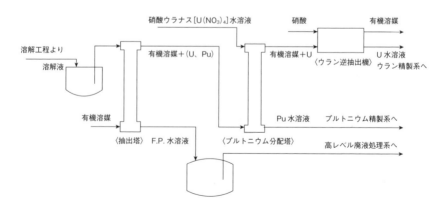

図5　分離・分配施設(概念図)

第2章　六ヶ所再処理工場の仕組みと運転経験から見た問題点

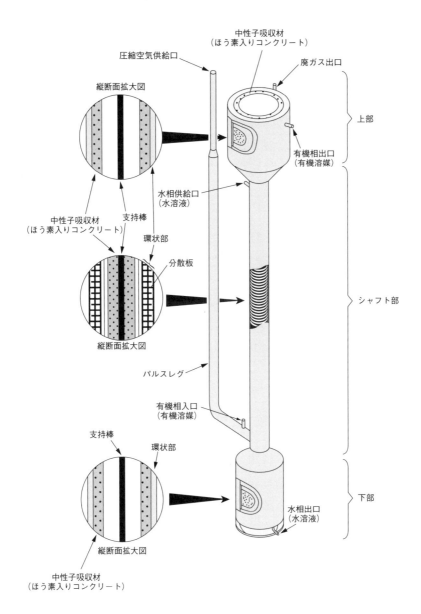

図6　環状形パルスカラム概要図
〔第7回適合性審査資料1：JNFL分離建屋の施設概要（核燃料物質の臨界防止 2/2）より作成〕

31

（4）精製工程

精製工程にはウラン精製工程とプルトニウム精製工程があります。

（a）ウラン精製工程

分配工程からのウランの硝酸塩($UO_2(NO_3)_2$)は、抽出器で抽出し、FP洗浄器でFPを除去し、逆抽出器で逆抽出後、ウラン濃縮缶で濃縮し、再度同じことをおこなって、精製された $UO_2(NO_3)_2$ になり、U脱硝工程へ送られます。

（b）プルトニウム精製工程

分配工程からのプルトニウム($Pu(NO_3)_3$)は3価のプルトニウム(Pu^{+3})なので、抽出（除染）ができません。それで、まず酸化塔でNOxにより酸化して、4価のプルトニウム(Pu^{+4})である $Pu(NO_3)_4$ にします。そして、抽出塔で抽出、FP洗浄塔でFPを除去して逆抽出塔で NH_3OHNO_3（硝酸ヒドロキシルアミン、HAN）で再びPuを4価から3価に還元・逆抽出します。

以上の工程をもう一度おこなって精製された $Pu(NO_3)_4$ にし、Pu濃縮缶で濃縮後、Pu濃縮液計量槽で計量して、UとPuの混合脱硝工程へ送ります。

各ラフィネート（抽出廃液）は、酸回収工程に送り再利用します。また抽出に使った溶媒は、溶媒回収設備・溶媒再生系の洗浄器で Na_2CO_3 などで洗浄して再利用しています。

（5）脱硝工程と製品貯蔵

ウランやプルトニウムの硝酸塩を分解して酸化物にすることを脱硝といいます。

（a）ウラン脱硝工程

精製工程のU濃縮缶で濃縮された精製$UO_2(NO_3)_2$は、本工程の濃縮缶でさらに濃縮して、脱硝塔に噴霧ノズルから霧状にしてフィード（供給）します。

脱硝塔は、流動層式で、下部から空気を吹き込み、噴霧状の硝酸ウラニルを浮き上がらせ電気ヒーターで加熱し、熱分解させることによりUO_3にします。

脱硝塔上部には、フィルターがあり分解したNOxだけが排出され、UO_3は連続して下部から抜き出されて、UO_3受槽に留められ適時UO_3貯蔵容器に充てん・封印して、UO_3貯蔵設備に貯蔵します。

（b）ウラン・プルトニウム脱硝工程

プルトニウムは、核拡散防止の観点から米国との取り決めがあるため、単独では取り出さず、ウランと混合した形で以下の工程をおこないます。精製工程から$UO_2(NO_3)_2$、$Pu(NO_3)_4$をそれぞれの貯槽に受け入れ、混合槽でU濃度とPu濃度が等しくなるように混合調整します。その後、一定量ずつ脱硝装置中の脱硝皿に給液して、マイクロ波加熱により、蒸発濃縮・脱硝して、U・Pu混合脱硝粉体にします。次いで、U・Pu混合脱硝粉体を焙焼炉で、空気雰囲気中で加熱（焙焼）し、最後に、還元炉で、N_2・H_2混合ガス雰囲気中で加熱（還元）して、MOX(Mixed Oxide Fuel、混合酸化物燃料)粉末にします。このMOX粉末を混合機で、混合し、粉末缶に充てんし、粉末缶をさらにMOX貯蔵容器に収納・封印して、U・Pu混合酸化物貯蔵設備に貯蔵します。

以上で、RRPの製品であるUO_3粉末とMOX粉末が完成します。

（6）酸回収工程と溶媒回収工程

（a）酸回収工程

RRPは溶解工程などで大量の硝酸を使用します。それを、できるだ

けリサイクルして廃棄物の発生量を抑えています。酸回収工程には、第1酸回収系と第2酸回収系があり、どちらも蒸発缶(熱サイホン式減圧蒸発式)と精留塔(棚段式減圧蒸留方式)で構成されています。

(b) 溶媒回収工程

HNO_3と同様にRRPは溶媒を多量に使いますので、これも回収・再利用します。本工程は、溶媒再生系と溶媒処理系で構成されています。

溶媒再生系は、分離・精製工程で使用した溶媒をミキサーセトラーで、Na_2CO_3、HNO_3、$NaOH$を用いて洗浄し、溶媒中の溶媒劣化物などを除去して再使用します。

溶媒処理系では、溶媒再生系から一部の洗浄溶媒を受け入れて、水分や溶媒残渣を除去した後、溶媒蒸留塔で希釈剤(ノルマル・ドデカン)と溶媒(約60% TBP)に分別・回収します。それらは分離工程などに戻して再使用します。

(7) 放射性廃棄物の処理・処分工程

六ヶ所再処理工場(RRP)では使用済み燃料を受け入れて、機械的・化学的に処理・処分しますので、(1)使用済み燃料の受入・貯蔵工程から(6)酸回収・溶媒回収工程までの各工程からでる気体、液体、固体の放射性廃棄物を確実に処理・処分することが最も重要なことです。

(a) 気体廃棄物の処理・処分工程

気体廃棄の処理は、その発生場所によって性状が異なりますので性状に応じた、いろいろな機器、フィルターを組み合わせて処理し、主排気塔などから大気へ処分しています。気体廃棄物処理系を図7－1と図7－2に示します。

(イ) DOG（せん断・溶解オフガス）処理設備は図7－1

(ロ) VOG（塔槽類オフガス）処理設備は図7－2

ガラス固化施設にはMOG(メルターオフガス)処理設備があります。

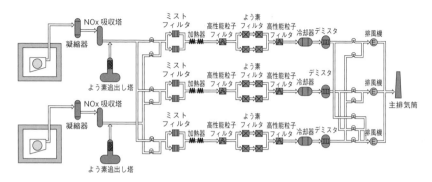

図7−1　DOG(せん断処理・溶解排ガス)処理設備
(第5回適合性審査資料1：JNFL前処理建屋の概要(せん断処理・溶解廃ガス処理設備)より作成)

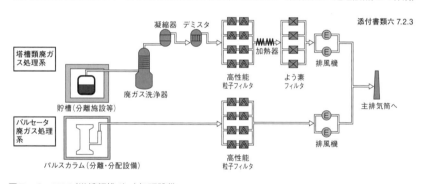

図7−2　VOG(塔槽類排ガス)処理設備
(第7回適合性審査資料1：JNFL分離建屋の施設概要(塔槽類廃ガス処理設備)より作成)

(b) 液体廃棄物の処理・処分工程

液体廃棄物の処理は高レベル廃液処理と低レベル廃液処理の二つに分かれます。

(イ) 高レベル廃液の処理工程

図8の高レベル廃液濃縮缶はケトル型減圧蒸発方式で缶内圧を約50mmHgに減圧し、約50℃で運転することにより高温にならず腐食し難い環境にしてあります。また、運転停止時には、加熱・冷却コイルと

ジャケットに冷却水を流して廃液の崩壊熱を除去しています。

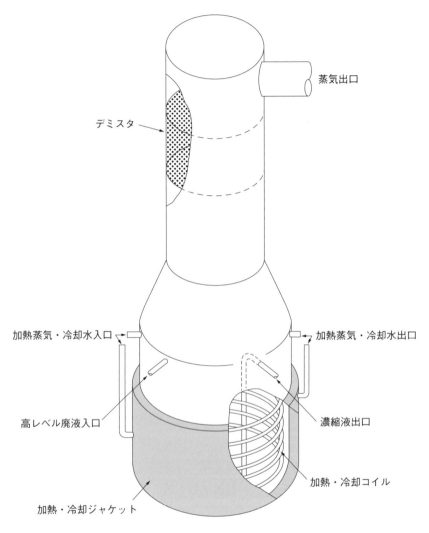

図8　高レベル廃液濃縮缶（第7回適合性審査資料1：JNFL高レベル廃液濃縮缶概要図より作成）

（ロ）低レベル廃液の処理・処分工程

　低レベル廃液には各工程などからの種々雑多な廃液がありますが、そ

れぞれの性状〔酸性か中性か塩(Na)を含むか否かなど〕および、発生する施設(建屋)により分類され、それぞれの廃液蒸発缶やろ過装置などによって処理します。処理済み廃液は各放射性物質の濃度やペーハー(PH)などを分析・測定し、すべてが基準以下であることを確認した後に海洋放出管から海洋に放出処分します。

(c) 固体廃棄物の処理工程

固体廃棄物も液体廃棄物同様いろいろなものが出てきます。大きく分けると高放射性固体廃棄物と低放射性固体廃棄物ですが、電力界では高放射性廃液のガラス固化体だけが高放射性固体廃棄物で、その他はハル(溶けずに残った被覆管)であろうが、廃樹脂だろうが、すべて低放射性固体廃棄物なのです。デコミ(解体)時の溶解槽、分離工程のパルスカラムなどはどうなるのか？

本当でしょうか。そうしないとガラス固化体と同様に深地層(といっても、たかだか400～500mとまるで浅い)処分しなければ

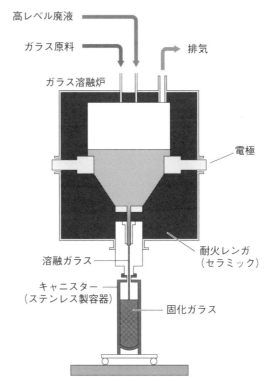

図9 メルター(ガラス溶融炉)
(日本原燃の資料[8]の図を参照して作成)

ならなくなるからでしょう。ドラム缶に詰め、地下数mのコンクリート製ピットに入れて土を被せ、簡単な雨水対策をしただけのところに処分するためでしょう。ドラム缶は100年もすれば、腐食し、コンクリートは水を通します。それで安全でしょうか。浅地層にしても問題でしょう。

　(イ)　高レベル廃液のガラス固化工程

RRPのメルター(ガラス溶融炉、図9)は「液体供給式直接通電型」を採用、A系とB系があります。ようやく試運転が終わる(?)までに6年もかかっています。また、故障しているA系のメルターは使えるのか疑問です。

　(ロ)　低レベル濃縮廃液などの処理工程

いずれの工程も圧縮成型や細断するなどしてドラム缶に入れて各貯蔵所に貯蔵します。

「高」も「低」も、固化体などにしたり、細断したりして専用貯蔵庫に貯蔵するだけで、その後どうするのか、何所に処分するのか何も考えていないのです。

3　運転・保守の難しさと危険性

再処理工場はなぜ安全に安定してうまく運転できないのでしょうか。

その主な原因は、(1)まず第1に使用済み燃料中に含まれているきわめて強い放射線を出すFPと強い放射線を出す猛毒物質であるPuのために人が直接さわれない、近づけないこと、(2)Puや濃縮Uは核兵器の原料で、Pu溶液などが一ヵ所に一定量以上集まると簡単に臨界(核分裂を連続して起こし中性子などの放射線と膨大なエネルギーを発生すること)になること、(3)使用済み燃料を溶かす硝酸(HNO_3)は強酸で塔槽類、配管を腐食すること。(4)ウランとプルトニウムを抽出するための溶媒(TBP)とそれを希釈する希釈剤ドデカン($C_{12}H_{26}$)は、引火性に富み、火災爆発を起こす危険性があること、です。

そしてこれらの危険性を顕在化させる最大の要因は巨大地震です。
（1）〜（4）に対して次のような対策が立てられています。
（1）に述べた放射性物質（気体）に対しては「閉じ込め」を、放射線に対しては「遮蔽」を厳重におこなう必要があります。そのためウランテスト終了後は、R（レッド）区域内には人が絶対に入れないようにセルの開口部を完全に封印します。（一部例外あり）

放射線被ばくには外部被ばくと内部被ばくがあり、内部被ばくを防ぐための方策が、放射性物質を閉じ込める「負圧管理」です。再処理工場も原発同様に、各建屋内の部屋などは、
① W（ホワイト）区域：大気圧（事務室、電気室など）
② G（グリーン）区域：約 − 5 mm H_2O（制御室、試薬調整室など）
③ Y（イエロー）区域：約 − 10mm H_2O（サンプリングなどの作業室）
④ R（レッド）区域：約 − 20mm H_2O（塔槽類収納室など）
⑤ 塔槽類（放射性物質のある溶解槽など）の内部：当該セル以下の負圧にしています。

したがって、空気の流れはW→G→Y→R→塔槽内となり、もしY区域のサンプリングなどで放射性物質（ガス）が漏れても、それはG区域にはいかずR区域に行くわけです。放射性物質（ガス）は常に奥へ奥へと流れて、Y区域やG区域にいる人が放射性物質を吸い込んで内部被ばくしないようにしています。液が漏れた場合は除染しますが、大変な手間がかかります。

また外部被ばくを防ぐ方策が放射線を「遮蔽」することです。そのために高放射性の塔槽類はセル内に収納されています。セルは厚さ1m以上の重コン（鉛が入ったコンクリート）の密閉された部屋です。それで、人がセルの近くに長時間いても、放射線作業従事者の実効線量等量限度50mSv／年は超えません。（一般公衆の実効線量等量限度は1 mSv／年）
（2）の臨界に対しては臨界管理を徹底しておこないます。ハード面で

は一つは形状管理で、例えば溶解槽はスラブタンク(薄っぺらいタンク)にし、Pu製品貯槽などはアニュラータンク(ドーナッツ状の薄べったいタンク)にしてあり、これだとPu溶液がいくら入っても臨界になりません。また、いま一つは、中性子吸収剤の利用で、Pu濃縮缶の入っているセルの床にはラシヒ・リング(中性子を吸収するボロン入りのガラスの短管)を一面に敷き詰めて、万一Pu濃縮缶からPu溶液が漏れても臨界にならないようにしています。

ソフト面では、重要なバルブは施錠管理して、2重3重のチェックを受け許可を得なければ、開閉できないようにしてあり、これによって誤移送などによってPu溶液が臨界量以上に容器にたまることを防いでいます。

(3)の強酸への対処としては、溶解槽の材質にはジルコニウムを使用し、酸回収の精留塔や高レベル廃液濃縮缶は減圧蒸留方式として、缶内の温度を低くして腐食を低減しています。

(4)の火災・爆発の危険性に対しては、ミキサーセトラーのモーターなどは防爆対策接地し、さらにスプリンクラーなどを設置しています。また高放射性廃液貯槽には窒素ガス(N_2)を送り込み、発生する水素ガス(H_2)を掃気して爆発を防止しています。

以上のように様々なハード、ソフトの対策がとられていますが、もし、それらの一つでも対応に失敗したり、地震などにより破壊されると、とんでもない大事故が起きるのです。故にRRPはきわめて危険な工場なのです。

ちなみに東電福島第一の1～4号機の全U装荷量は、約450トンですが、RRPには現在約3,000トンの使用済み燃料が貯蔵プールにあります。

ホットテストで約430トンの使用済み燃料を使って回収したプルトニウムが約4トンあります。さらに高レベル放射性廃液が、ガラス固化試験に100m^3使ったとしても、300m^3ぐらいたまっていると思います。使用済み燃料だけでも6倍以上あるのです。

いつになるかわかりませんが、RRPが使用前検査に合格し、操業運転に入り、フル運転中に想定外の大地震が発生して全電源喪失、または燃料貯蔵プールのライニングが裂けるとか、あるいは地震がなくても、溶解槽で大きな突沸などが起きることが考えられます。そのとき、何が起きるか想像してみてください。地震が原因の場合は、同時に複数の異常事態が発生するでしょうから、お手上げ、どうにもならないでしょう。

4　解決困難な技術的問題点など（その1）

　RRPはJNFLの初代社長が1980年7月に「再処理技術は国内外（英仏独）の最良のものを採用する」（1980年7月19日日刊工業新聞）といっています。また、「再処理技術は確立されている」という人々がいます。そもそも「技術」とは何なのでしょう。自動車の運転技術、登山技術、米の栽培技術など。広辞苑を見ると「技術」とは「わざ」「技巧」「技芸」また、「科学を実地に応用して、自然の事物を改変、加工し、人間生活に利用するわざ」とある。要するに「わざ」なんです。「わざ」に「確立」とか「完成」とかは無いのであって、日進月歩、努力によって進化するものであり、ある時点で最良であっても、その時点では気が付かなかった不具合、欠点があって、1年後、10年後では最良のものではないのです。1980年は今から36年も前のことで、その時の再処理技術は、古くて危なくて、使い物にならない技術ではないでしょうか。その証拠に現在世界の商業用の再処理工場は、ほとんど動いていないのです。

　そして忘れてはならないことは再処理工場を動かすのは、人のなせる「わざ」なのです。それではRRPには、どんな技術的問題点があるのか、再処理工場の安全安心な運転のために絶対に欠かせない①耐震、②閉じ込め、③遮蔽、④臨界、⑤腐食、⑥火災・爆発についてチェックしてみます。

（1）耐震[14]

　耐震は、東日本大震災で改めて認識されたことですが、一番重大な事項です。日本は地震大国、いつ大地震が起きるかわからないのです。

　ここでは基準地震動（Ss）[18]について考えてみましょう。RRPの耐震設計は地震がほとんど起こらないフランスのアレバ（旧サンゴバン社）社が、設計したのでしょうが、その値はいったい、いくらだったのだろうか？

　その後、JNFLは旧審査指針に基づき、1989年のRRP事業指定申請で、Ssを375ガルで申請し、2006年9月の新指針を受けて450ガルとし、2013年12月18日施行された新規制基準による適合性審査で600ガルにあげ、さらに2016年2月19日の第100回審査会合で700ガルに変更しています。まるでバナナのたたき売りでは。次はいくらにするのか？ 700ガル[17]で安全と規制委員会は承認したのでしょうか？　Ssは大きいほどよい。800ガル、1,000ガルに上げてください。問題はRRPの各設備、塔槽類そのサポート、埋め込み金物、ボルト・ナットなどは、375ガルに耐えるように設計、施行されているのではないのでしょうか。Ssを上げれば上げるほど金がかかる。最初から将来700ガルになるのを見込んで設計・施工していたとは考えられません。

　RRPは2006年3月31日からアクティブ試験（放射性物質を用いての試験）を開始し、現在までに約430トンの使用済み燃料を処理しています。一方核燃料施設に対する新規制基準は2013年12月18日に施行され、それをクリアーするためにSsを700ガルまで引き上げています。そこで、セル内の耐震補強工事をどうするのでしょうか。セル内はちょっとやそっとでは人が入れない高線量になっています。それとも、それを見込んで、セル内の耐震補強工事が必要でない700ガルにしたのでしょうか？

　例えば、分離工程の最初の環状形パルスカラム、多分直径1～2m、高さは10mくらいあり、中心に支持棒があって、支持しているようですが、下部はどのように固定されて、パルスレグはどのようにサポートされて

いるのでしょう。それらが、Ss = 375 ガルから 700 ガルになっても、全然耐震補強不要なのですか。考えられません。

2016年3月30日付の「定例社長記者懇」の概要版によると「現在、岩盤の安定の解析中で、また、各建屋や機器・配管等様々な設備の耐震評価の準備を進めている」[9]としています。

（2）閉じ込め

JNFLはいろんなパンフレット、例えば2005年2月版の「六ヶ所再処理工場の概要」[7]などで、「RRPでは、放射性物質を二重、三重に閉じ込めているので、放射性物質を基準値以上に環境（大気）に放出することはありません」と宣伝しています。本当でしょうか？　例えば、溶解槽や清澄機が入っているセルのなかには、「ヨウ素追い出し塔」が入っています。その排気はDOG処理設備（図7－1参照）で、ヨウ素フィルターなどで処理した後、主排気筒（メイン・スタック）から大気に放出されるので、「ヨウ素」が大気に放出されることはありません。

しかしヨウ素追い出し塔や、その配管に腐食などで穴が開くなどすればヨウ素はセル内に漏れだし、セル換気系から大気に放出されてしまうのです[6]。RRPの設置許可申請書[4]の排気系統図を見るとセル換気系にはヨウ素フィルターがついていません。
「六ヶ所再処理工場の概要」ではセル・ベントの系統図は示されていません。なぜ？

ヨウ素は2重、3重の閉じ込めになっていない。たった1重です。ものは必ず壊れる。強硝酸雰囲気にある、ヨウ素追い出し塔も壊れる。穴が開くのです。溶解液がセルに漏れだし、ヨウ素ガスが発生。セル・ベント系から筒抜けで大気に放出される。大変なことです。非常に心配です。

（3）遮蔽

放射線の遮蔽は、巨大な地震に襲われてセル壁、建屋の壁が壊れない

限り心配はないと考えられます。そのため、想定する地震の基準地震動Ssに対して安全裕度を十分にとった厚さになっていることを再チェックし、さらに万一に備え、イエロー側、グリーン側から遮蔽板を取り付けることができるような処置をとっておく必要があると考えます。伝送器室、スチーム・ジェット操作室などが心配です。

　(4) 臨界

　臨界防止対策は3(2)で述べたように、考えられる様々な対策がとられています。しかし、それで本当に臨界事故は起こらないのか、抜けは無いか。例えば溶解槽の廃ガスは、DOG(せん断・溶解廃ガス)処理設備で処理されますが、その間の配管はどのように施工されているのでしょうか。途中で高低差があり、U字管のようになっているところはないか？　溶解槽では使用済み燃料の溶解中に突沸が起こることがあり、その時溶解液が廃ガスの配管に吸引され流出する可能性があります。そのときもしU字管の様なところがあると、溶解液はそこに留まり、濃縮され、臨界になる可能性があり、心配です。

　また使用済み燃料貯蔵プールは試運転前に施工不良のため、ライニングから水漏れを起こし、二度も修理しています。地震などで、再度亀裂を生じプール水が大量に漏れださないか？ [10]　使用済み燃料がラックごと倒れると臨界になることが考えられ、心配です。よくよく検討すれば他にも臨界になることが考えられる事象があるのではないでしょうか。

　(5) 腐食

　RRPの塔槽類のなかには厳しい環境(強硝酸、高放射線、高温)下で使用するものがあります。溶解槽、酸回収蒸発缶、高レベル廃液濃縮缶などに関するTRP(動燃東海再処理工場)などでの経験を踏まえてより耐性のある材料を採用したり、減圧蒸発方式を採用しているので、耐食性が高まったと考えられます。しかし、いつ起きるかわからないが腐食

は確実に進行し、穴が開くなどが起きます。そうすると(2)で述べたようにヨウ素追いだし塔などの入っているセルに漏れだした溶解液から発生するヨウ素は主排気筒からダイレクトに大気に放出されます。大事故です。それともJNFLは何度となく設計変更をして設置許可申請書の変更申請をしていますので、当該セルなどの排気系にはヨウ素フィルターを付けたのでしょうか？　それならいいのですが。また定期的に減肉などをチェックすることも大切です

(6) 火災・爆発

　UとPuを分離・分配・精製する有機溶媒(TBP＋ドデカン)は引火点が低く、火種があれば容易に発火し、爆発します。そのための対策は3(4)で述べましたが、さらに運転管理として、引火点より低い温度で運転することになっていて、万一温度が引火点に近づいたら加熱が自動停止することになっています。問題は、温度検知器、加熱自動停止装置、火災検知器などが間違いなく作動するかです。RRPには種々の検知器、安全装置などが何百何千とあり、それらは定期検査などで点検されています。

　しかし、2006年7月7日付の「RRPのアクティブ試験中間報告(その1)」や2008年2月27日付の「RRPアクティブ試験経過報告書(第4ステップ)[11]」を見るとあきれるほど多くの異常・故障が起きています。もちろん、それ以外にもいろいろなことが起きているに違いない。できるだけ都合の悪いことは隠すのが電力流ですから。

　物は必ず壊れる。昨日点検して正常、異常なしだったものが、今日作動しない、検知しないことがあります。運転中に検知がダメになっていたり、自動停止装置が壊れているのを、誰も気が付かなかったら、どうなるか。故障・事故は二つ三つの原因が重なったときに起きますが、最後は人の問題です。

5　解決困難な技術的問題点など（その2）

4節で基本的な技術的な問題について述べましたが、ここでは、別の視点から施設の問題点を述べます。

（1）経年変化

RRPは2006年3月31日からホットテストに入り、2008年1月28日にはガラス固化設備の一部の試験を除いて、すべて終了したと「再処理施設・アクティブ試験（使用済み燃料を使っての総合試験）経過報告（第4ステップ）：2008年2月27日」に述べています。その後、停止しており、再開するのは2018年上期だそうです。と、いうことは、それまでに10年以上止まっているということです。

（a）機械類

バスケット搬送機、燃料横転クレーン、剪断機、溶解槽などはその間どのように点検・保守しているのでしょうか。例えば、溶解槽のバスケットを回転させるホイール駆動部は月に1回程度、空運転してスムーズに動くことを確認しているのでしょうか。ギヤなどの材質はステンレスと思うが、ステンレスは噛み込みやすい。噛み込んで動かないのを無理に動かそうとすると、壊れてしまう。心配です。

（b）溶媒抜き出し

抽出工程のパルスカラム、ミキサーセトラーなどのTBP－ドデカンは長期停止に備えて全量抜き出していると思うが、パルスカラム、清澄機などは完全に抜き出し、きちんと洗浄しているのだろうか。もし、そうでなければ、変質した溶媒が分散板に固着したり、不溶解残渣がフィルターに固着し10年後に洗浄しても除去できず使い物にならないと思います。

（2）海洋放出管

　RRPは海抜55mの弥栄平にあり、放出貯槽は、海抜40mはあると思います。その為、ポンプ・アップすると、サイホンになるでしょう。多分サイホンブレーカー（放出配管に立ち上げた細管のバルブを開き、空気を入れてサイホンを止めるもの）がついていると思いますが、それにしても各バルブの開閉が重要でミス・オペで放出許可が出ていない廃液を放出してしまう可能性があります。

　海洋放出管は陸上約5km、海中約3kmもあり、先端の放出ノズルは海面下約30mにあるのですが、それらはどのように点検しているのか？　毎年1回は、定期検査をしているのか？　RRPはまだ使用前検査中で、法的には定期検査を受ける必要はないのですが、厳密には炉規法に違反して長年使用しているはずです。

　全長8kmの放出管に漏れはないのか？　また、放出ノズルは、定位置にちゃんと立ち上がっているのか？　架台が潮流などで倒壊して、ノズルが無くなっていないか？　無くなっていたら海水と混合できなくなり希釈できなくなる。非常に心配です。検査方法、検査結果を見せてもらいたい。

（3）ガラス固化施設のA系溶融炉（メルター）

　破損したA系メルターは本当に問題なく動くのか？　これまでの経緯を見る限り疑問です。メルターの運転は、ホットテストの当初、何もわからずやみくもに運転して鉄棒（？）で炉内をひっかきまわすなどして、耐火レンガを脱落させるなどして、炉がダメージを受けています。脱落したレンガを完全に取り付け、修復するのは不可能と思うが、修復の検査は、国で確認したのだろうか？　その後A系は、きちんと運転試験をしたのだろうか？　ほとんど運転していない様だが。操業運転に使用できるのか心配です。

（4）サンプリング用配管などの詰まり

　配管やスチーム・ジェットなどは、詰まることがあります。放置していると、残渣などが凝結して除去できなくなり、各所のサンプリングができなくなれば核計装だけとなり、工程が順調に動いているのか否かを正確に判断できなくなります。頑固な詰まりを除去するにはどうするか、今から検討・準備しておくべきです。圧空を送るなど無理をすると、とんでもないところから高放射性の液が噴出することがあるので、どこに、詰まっているのかを十分に調べておくことが必要です。

（5）記録

　再処理規制第8条(記録)の第3号(操作記録)のロには「特に管理を必要とする設備の温度、圧力、流量は連続して記録する」と定めています。該当するすべての記録計は、連続記録計になっているか？　もし、多点式の計録計になっていると、次の記録までに1分以上も記録されなくなる。その間に異状が発生し、次の打点記録を見落とすと、その次の打点時には、大変なことになっていることが考えられる。今の記録計を確認し、もし、当刻記録計が多点式だったら連続式に変えるべきです。

（6）埋め込み金物

「再処理工場の試験運転状況」[13]の2015年9月17日などに、一般共同溝（トレンチ）内の配管のサポートを固定している「埋め込み金物」が壁面から浮き上がっているのを確認し、その後、調査計画、実施状況などが公開されています。

　RRPには埋め込み金物が約48.3万点あるそうで、その半分くらいは、アクティブ・トレンチやセル内にあるのではないでしょうか。極端にいえば、一般トレンチ内の埋め込み金物など、どうでもいい。最悪でも、蒸気が噴出したり、HNO_3や$NaOH$が漏れだすことが考えられるが、周辺住民などが被害を受けることは、まず無いでしょう。問題はアクティ

ブ・トレンチ内やセル内の埋め込み金物です。

　大地震が発生したとき、埋め込み金物がセル内壁などにしっかりと埋め込まれていなければ、埋め込み金物ごとサポートが外れ、配管が破断したり、塔槽類が転倒・落下するなどして、高放射性廃液や、プルトニウム、ウラン溶液が漏れ出し、ヨウ素が大気に放出されるなどの大事故になる可能性があります[15]。上記「運転状況」によると、仕様を満たしていないものや適切な施行がおこなわれていなかったものが多く見つかっているとのこと。同様のことがセル内などにもあるのではないでしょうか。それをどうやって、調べようとしているのでしょうか。それが、実におもしろい。「設備からの漏えいの有無、冷却機能、水素掃気機能が維持されていること等の設備状況により確認する」としています。例えば、設備からの漏えいの有無をどのように確認するのか？　槽類から少々漏れていても、セル内の温度は、かなり高温になっていて、サンプに漏れた液が到達するまでに蒸発乾固し相当量が漏れないとわからないでしょう。また、例えば、燃料送り出しピットの傾路には、バスケット搬送機を昇降させるレールなどがあり、それらは埋め込み金物に取り付けられているはず。そのようなところの埋め込み金物の健全性を、そのような方法では調べられません。想定外の地震が、いつ来るか誰にもわからない。故に、セル内などの埋め込み金物の健全性がすべて確認されるまでは、RRPは動かすべきではないと思います。また、高レベル廃液貯蔵建屋と高レベル廃液ガラス固化建屋間にはアクティブ・トレンチがあると思いますが、そのアクティブ・トレンチは両建屋と同様に、岩盤まで何本も杭を打ち込んだ、安定した地面上に施工されているのか心配です。もし、そうでなければ、建屋と同トレンチは地震時にまるで異なる揺れをして、イクスパンジョンでは地震動を吸収しきれず、配管が破断されてしまうでしょう。東電・柏崎刈羽で実証済みです。どうなっているのか図面・施工記録などで明示していただきたい。

6　人、インターフェイス、お金と時間

どんな工場も同じですが、RRPを安全確実に運転するためには、人、装置、それをつなぐインターフェイスおよび時間と金が必要です。いくら工場の設備・機器などがよくても、それらを確実に運転できる人がいなければだめで、またインターフェイス（運転要領書、各種図面、安全作業基準書など）が完璧に整備されていなければなりません。

(1) 人の問題

RRPには操業運転時で2,000人ぐらいの人がいる。その内の運転担当の人たちが各工程に配置され連続三交替勤務で運転するわけですが、運転は人＝質×量の総和で遂行されるのです。

(a) 運転体制・組織について

多分、旧動燃東海再処理工場のように日勤の部長・課長・係長・日勤職員などの縦の組織があり、それとは別の当直長・副当直長・運転主任者・班長・班員からなる横の組織があって、この横組織が運転するのでしょう。それで問題は、何班で各班は何人で3交替するのか？　4班3交それとも5班3交でしょうか？　また、どのようなパターンで？　それから1勤、2勤、3勤の勤務時間はそれぞれ何時間でしょうか？〔4班3交とは「4班3交替勤務」の略で、現在は一般製造工場など多くの工場でおこなっている勤務形態です。4班で、例えば「1・1・2・2・3・3・明・休」のように8日のサイクルで連続して勤務します。ここで1は1勤（日勤）、2は夜勤、3は深夜勤、明は3勤明の休みで、休みは1日中休み〕

交替勤務の運転員などにとっても、日勤者にとっても運転期間中は肉体的にも精神的にも、とても疲れます。時間的に余裕が無いのです。運転員たちは、明・休の次は、1勤で、休みの日は、家族サービスなどで、

ほとんど休めない。一方、日勤者は、直勤務の者が、体調を崩して休むなどすると代直に駆り出される。私も日勤、残業後、２直・３直に入ったことがあった。非常に疲れます。故に、５班３交にするか、４班３交でも「１・１・２・２・３・３・明・休・休」にすべきです。

　各班の班員の数は、極端にいえば、必要最小人員の２倍です。なぜか？　再処理工場は運転が開始されると１日24時間休むことなく連続して運転が続きます。再処理規則第13条第３項で「再処理設備の操作に必要な構成人員がそろっている時でなければ操作を行わないこと」と規定しています。一方、労働安全衛生法では、８時間の勤務中に１時間の休憩を取ることになっていると思います。したがって直勤務者は班員を半分に分けて、１時間ずつ現場から服を着替えて休憩室で、２直、３直のときは、仮眠するのです。ということは、一直８時間のうち、２時間は運転員などが本来の必要人員の半分になっているのです。定常運転中ならよいでしょうが、何か異常な状態が休憩時間中に起こったら操作などをしないわけにはいきません。故に厳密には２倍の人員が必要なのです。実際にはどうするのか心配なところです。

　各直の勤務時間は東海再処理工場ではずっと各直とも８時間＋aでした。原発などでは２直を短くして、３直を長くしているようですが、それはその技術が再処理工場に比べれば確立されていて、念のために人が監視しているだけだからです。ところが再処理技術は確立されていません。運転員の運転技術も未熟です。いつ、何が起こるかわからないのです。２直時や３直時でも起こります。したがって運転員は常に緊張していて、記録を取ったり、流量などをチェックしたり、試薬を調整したり、現場巡視をしたりと、精神的、肉体的にも、とても疲労します。それは２直であれ、３直であれ同じです。事故・トラブルは往々にして深夜に起こるものです。その為、当初の１～２年は、各直の時間は、８時間＋aにすべきです。また、８時間＋aのaは、直間の引き継ぎ時間ですが何分にすべきか？　何もなければ10分くらいで済みますが、何かあると、

30分以上かかりますので、20〜30分にすべきです。

　人＝質×量の質、つまり運転員の資質はどうか？　入社試験などをパスして入ってきた者でも、一般的に100人に1人くらいの落ちこぼれがいます。かつて、「化学の酸とアルカリの中和の計算がわからない者がいた」と聞いたことがある。教育訓練が大切です。

　また、これも100人に1人くらい精神的に不安定になる者がいる。彼らが、2直・3直のときに巡視点検やバルブ操作などを、任されたら、何が起こるかわからない。十分注意する必要があります。

（b）コミュニケーションについて

　RRPの要員は、プロパー、メーカーなどからの出向・派遣者、委託業社からの人たちからなる混成チームであり、レベルの差、年齢の差もある。巨大な化学工場・RRPを動かすためには、それらの者たちのコミュニケーションがきわめて重要です。電力流の強引なやり方では、決してうまくゆかないでしょう。

　「核燃料サイクル協議会における再処理事業に関する要請への取り組み状況」[12]を見ると、コミュニケーションの充実、教育・訓練の充実、マネジメント力の向上及び部下との相互コミュニケーション力の強化、当直長—当直員間のコミュニケーション向上とか、中間管理職のマネジメント力の向上、また、現場作業員の技能レベルの向上など、お題目がずらずらと並んでいます。しかし具体的に何をいっているのか、何をやっているのかわからない。多分、再処理現場をほとんど知らない事務屋が作文し、誰もチェックせず、外向けに、カッコいいことを書き連ね、それを現場に指示しているのでしょう。こんなことで「マネジメントの向上」だの「部下との相互コミュニケーションの強化」とか「当直長—当直員間のコミュニケーション向上」などが向上・強化できるのでしょうか。

　再処理を知らない電力からの部長らが、電力流（東電流）の威圧的・形式的な、指示、命令をくだし、後は現場まかせ。それで、教育・訓練や

コミュニケーションとかマネジメント力が向上するのでしょうか。
　現場にはいり、自分の目で見、現場の人たちと話をして、意見を聞くことが大切です。朝から晩まで、会議、会議で机上の空論をする暇があったら、現場に入って現場目線でよく見るべきです。できれば1週間ぐらい直勤務に入り、巡視点検などを経験するとよい。

　（c）上位者の責任
　各電力から入れ替わり立ち替わりでJNFLの社長や役員らが来るが、彼らは数年で次の関連会社などに渡り鳥。彼らはRRPのことなど何も考えていない。そんな者のもとで、働くプロパー等は、本気で仕事（RRPの運転など）に打ち込めるでしょうか。RRPの再処理事業が指定されたのは、1992年12月24日。そのころには大卒以上の多くのプロパーがいます。現在、彼らは50歳を超えています。RRPを動かすためには、彼らに任すべきです。少なくとも、再処理工場長らは、JNFLのプロパーにやらせるべきです。電力は金だけ出せばいいのです。JNFLを「姥捨て山」ならぬ「爺捨て場」にしてはならない。そうでなければ、RRPはまず、まともに動かないと思います。

　（2）インターフェイス
　RRPには、文書（運転要領書、保安規定、安全作業基準、放射線管理基準、核物質防護規定など）と図面〔PFD（全ユニットの物質収支を示した図）、EFD（全ユニットの詳細な系統図）、CFD（全ユニットの計装機器を示した図）、建屋配置図、配管図など〕その他、実に多くのインターフェイスがあります。新入職員らは、気が遠くなるほどでしょう。少なくとも、自分の担当ユニットなどは完全にマスターする必要があります。しかし、RRPの運転開始までには、まだ2年以上あるので、しっかり勉強できるので、何とかなるものと思います。
　ところでそれらのインターフェイスは完璧でしょうか？　いつ誰が作

り、誰がチェックし、誰が承認しているのですか？ 多分誰もチックせず、ただ盲判を機械的に押しているだけではないでしょうか。なぜか？ 部長、課長らは朝から晩までつまらない、どうでもいい会議、会議(それが、彼らの仕事だと思っているので)、見ている暇が無い。現場のこと、安全に運転することなどどうでもいいんです。3年もいれば、いなくなるのですから。したがって、新人はそのことに十分気を付け、自分でチェック・確認するつもりで現場を見て勉強するとよいでしょう。それにしても、25年前には、金を湯水のように使いフランスのサンゴバン社の再処理工場へかなりの若手らを研修などに出していましたが、彼らは、もはやRRPの現場では使いものにならない歳になり、定年退職間近な者が多くなっています。昔は東海再処理工場でも研修していた者がいますが、東海再処理工場が稼働していない今はできない。ちゃんとしたシミュレーターができているのだろうか。両者とも気の毒です。なぜ、こんなことになってしまったのだろう。社長など歴代の上級職らが電力などからの出向者で、まるで本気に取り組んでこなかったからに違いありません。

　(3) お金と時間
　RRPにJNFL(電力)は、これまでにどれだけ金を使ってきたか。当初7,600億の予定だった建設費は、2006年には「1兆円もかけて今さらやめられるか」といった者がいましたが、2兆円を超え、それから10年もたった2016年6月現在になっても、使用前検査すら終わっていません。そして、電力は、2013年2月16日の朝日新聞によると毎年約3,000億円もJNFLに金を出しているとのこと。これからも、新規制基準をクリヤーするための措置にいくらかかるかわからない。おそらく操業運転開始までには、5兆円は超えるでしょう。
　昔から「金の切れ目が縁の切れ目」といいますが、RRPでは「金の切れ目は事故につながる」のであって、改造工事などに絶対に金をケチっ

てはいけません。必ずスペック・ダウンになり、手抜き工事などになり、事故につながることになるのです。いくらかかっても、きちんとやるべきです。ただし、それらの金を電気料金に、さらに上乗せすることは許されない。すでに総原価方式は無いのです。電力自身の金でやってください。さもなければ、今はまだ新電力から買っている家庭は、数％だそうですが、それが10％になり、50％以上になり、電力は立ち行かなくなるでしょう。

　使用済み燃料貯蔵プールの2回もの補修工事などや、実用化されていなかったガラス固化のメルターにLFCM（液体供給式直接通電型セラミック・メルター）を採用して、試運転に長時間を要し、新規制基準対応にも長時間を要し、いつ終わるかわからない。重大事故への対応案も信じられないことをいっている。「もんじゅ」ではないが「JNFL／RRP」には「再処理工場を安全に運転する能力があるのだろうか？」とても心配です。

7　なぜ再処理工場が必要なのか

　RRPは毎年使用済み燃料800トンを処理し、プルトニウムを4〜8トンを回収する巨大な化学工場です。10年運転すると40〜80トンものPuが生産されるのです。日本は、すでに約48トンものPuを持っています。原子爆弾換算で約6,000発分です。

　そんなに生産して何すんの？「日本は資源小国。エネルギーしかり、高速増殖炉を作ってPuを燃料に使えば、Puがさらに増え、石油も石炭もいらなくなる。そのためには、再処理工場（RRP）をなんとしても動かす必要がある」と、御用学者にたぶらかされた安倍政権・自民党が言い続けてきました。しかるに政府は高速増殖炉の実験炉「もんじゅ」の廃止を表明しました。正解です。〔その後の報道（2016年12月1日朝日新聞）によると、政府の高速炉会議が「高速実証炉を国内に建設する」と

のこと。とんでもない愚行です〕何回も言いますが、「物は必ず壊れます。人は必ずミスをします」「大地震は何時起こるか人間にはわかりませんが、必ず我々を襲う」のは確かでしょう。その時には、第2の東電福島第1原発大事故になります。人間は何でもできると考えている人もいるようですが、それは傲慢不遜な思い上がりです。大自然の巨大な力には決して勝てないのです。謙虚に認めるべきです。特に日本では。

　ところでプルトニウム約48トンをいつ使い切るのですか。昔のような、いい加減な試算でなく、原子力委員会などはきちんと計算して、何年何月に使い切ると明示されたい。最近「それはわからない」といっていましたが、早く示すべきです。使い切る1年くらい前から、再処理工場を動かせば、十分でしょう。

　否、危険極まりない再処理工場や原発を動かす必用はないのです。

　再生可能エネルギー(地熱[16]、太陽光、風力など)を本気になって開発し、使用すればいいのです。現在すでにソーラー発電は全国いたるところに広まっています。2015年4月4日の朝日新聞によると「再生可能エネルギーは、将来、電源構成(全発電量に占める割合)が、約35％に達すると環境省が3日に公表している」と報じています。また、昨年8月もすべての原発が止まったままで記録的な猛暑が続きましたが、太陽光発電の導入が4年間で10倍となり、全国どこでも電力は安定して供給されているのです。(2015年8月8日朝日)

　真山仁著『地熱が日本を救う』(2013年3月10日発行、角川学芸出版、781円＋税)をぜひ読んでください。地熱をぜひ活用すべきです。

　国は2030年の地熱発電をなぜ約1％としたのでしょうか。地熱発電を100万KW原発の10基分も20基分も作られたら困る人たちがいるからでしょう。安倍政権・自民党と各電力会社は「何が何でも原発再稼働」なんです。

　太陽光発電は、2015年9月に約2,800万KWで、2030年にはその2倍の約6,400KWにもなるのです。地熱、太陽光、風力、海水力(波力、温

度差）などの再生可能エネルギーはいくらでもあり、技術開発も進んでいて、国が決断しさえすれば原子力なんか無くても必要な電力は十分賄えるのです。原子力はもう時代遅れのエネルギーになっているのです。「日本は資源小国、エネルギー然り」ではありません。「資源大国、エネルギー大国」なのです。再処理工場を動かせば高放射性廃棄物が発生します。それをいつ、どこに処分(？)するのですか。負の遺産を子々孫々に押し付けるのですか[19]。

8 終わりに

　2011年3月11日に東日本大震災発生。地震・津波による、東京電力・福島第1原子力発電所のとんでもない大事故を見て、「やはり、日本では原発は動かすべきではない。Puを回収し、高放射性物質を生み出す再処理工場も非常に危険な工場であり動かすべきではない」と確信しました。

「原子力に頼らなくても、我々は豊かな暮らしができるのです。」物質欲はきりがないのです。「足るを知るべし」です。いくら死にもの狂いで仕事をしても、すればするほど仕事が増えるのです。もっとゆったりと暮らすべきです。少子高齢化時代「働く若者が少なくなり、年寄りが増えて大変だ」という。そんなことはないのです。人は足りているんです。今後もオートメ化、ロボット化などはどんどん進みます。昔、産業革命が起きたとき、それまで100人でやっていた仕事が10人でできるようになった。今はその10人が数人か無人でできるのです。より優秀なAIロボットなどが作られて増々小力化が進みます。若者の求人が増えたといいますが、ようやく1倍を超えただけ、1倍にもならない県が今でもかなりあります。人手は足りているんです。将来は今の労働人口の半分でも十分になると思います。

　以上再処理・再処理工場について、いささかでも理解に役立てていた

だければ幸いです。

[参考資料]
1 核原料物質・核燃料物質および原子炉の規制に関する法律(「炉規法」)第5章
2 「炉規法施行令」(政令)第2章の2の第13条の2
3 使用済み燃料の再処理の事業に関する規則(「再処理規則」総理府令の第1条の2第2項)
4 再処理事業指定申請書(略して ADBR)
5 明日のエネルギー安全確保のために(1996年3月・JNFL)
6 六ヶ所・原子燃料サイクル施設の疑問にお答えします(1996年7月 JNFL)
7 六ヶ所再処理工場の概要(2005年2月・JNFL)
8 会社案内(2005年3月・JNFL)
9 定例社長記者懇談会挨拶概要(2013年11月~2016年3月・JNFL)
10 再処理工場の安全性に向けた取り組みについて(2015年6月・JNFL)
11 再処理施設・アクティブ試験第4ステップ(2008年2月・JNFL)
12 核燃料サイクル協議会における再処理事業に関する要請への取り組み状況(2015年1月・JNFL)
13 再処理工場の試験運転状況(2015年 JNFL)
14 耐震計算の誤入力に係わる再発防止対策の実施状況(2016年1月・JNFL)
15 核燃料施設等の新規制基準適合性に係わる審査会第99回(2016年2月・原子力規制委員会)
16 『地熱が日本を救う』(2013年3月10日・真山仁・角川学芸出版)
17 『地震列島日本の原発』(2013年7月16日 立石雅昭・東洋書店)
18 『漂流する原子力と再稼働問題』(2015年2月6日 舘野淳他 本の泉社)
19 『次世代への決断』(2012年3月1日 谷口雅宜 日本教文社)

第 3 章

原子力規制委員会は何を審査したのか

舘野　淳

1　適合性審査の経緯

　福島事故を受けて、2012年の原子炉等規制法が改正され、原発や核燃料施設に関しては新規制基準に基づいて適合性審査がおこなわれることになりました。新規制基準は第1章でも述べた通り、基本的には従来の審査基準に、「重大事故（一般的な用語ではシビアアクシデント）」に関する基準が付け加えられたものです。

　この新規制基準に基づいて2014年1月17日六ヶ所再処理工場を含む核燃料施設に関する第1回の適合性審査が開始されました。それ以来、本書執筆の2016年10月時点で150回以上の審査（他の核燃料施設も含む）が開催されてきましたが、その内容は膨大なもので全面的に触れることは困難です。また現時点では結論も出されていません。そこで本章では、主に日本原燃が提出した資料を引用しながら、どのような重大事故が想定されているか、またどのような対策が講じられているのか、さらにその問題点はどこにあるのかを探ってみることにします。

　2015年2月原子力規制委員会は、「日本原燃株式会社再処理事業所の再処理事業変更許可申請等に係る審査の状況について」のなかで、六ヶ所再処理工場の審査について次のように述べています。

　「（前略）施設関係に関する審査会合を7回開催し、設計基準（溢水や化学薬品の漏えいによる損傷の防止、内部火災、外部火災、竜巻等に対する防護等）及び重大事故等（冷却機能の喪失、臨界事故等）への対策について、事業者の説明準備が整った項目に関する説明を聴取した。

　　重大事故等の対策を含め、これまでの審査会合に対する事業者の回答が十分でなく、指摘を行った以下の論点への対応の考え方も示されていない状況にある。

・設計基準事象における溢水、竜巻等に対する防護対象施設から以上の影響緩和系（MS）を除外していること。

・重大事故の想定において設計上定める条件より厳しい条件が明確にされておらず、重大事故対策に係る検討の範囲が不足している疑義があること。
　事業者は、審査会合での指摘事項への対応を含め、検討すべきところがまだ残っているという認識があるとしており、今後はヒヤリング等において法令の解釈の確認、論点の明確化を図った上で審査に臨むとしている」

　これは核燃料関連の通算46回審査が終わった時点で出されており、あくまで途中経過ですが、これまでの審査ではきわめて不十分であり、審査が難航している点を具体的に述べています。

2　再処理工場の重大事故選定の困難さ

　第1章でも述べたように、核燃料施設の重大事故はこれまで定義されていませんでした。規制基準制定前「サイクル施設のシビアアクシデントは、多種・多数のシナリオからなる可能性があり、それらの発生可能性および影響は様々であって、発電用原子炉施設のように炉心損傷、それに引き続き発生する可能性のある格納容器破損のように単一ではない」[1]と考えられていました。再処理施設は運転経験も限られており、事故のシナリオも必ずしも明確にされていません。

　新規制基準の適合性審査のなかでも、再処理施設の重大事故をどのように取り扱うかについては、延々と議論がおこなわれてきました。

　規制委員会は「(核燃料施設では)取り扱われる核燃料物質の形態や施設の構造が多種多様であることから、それらの特徴を踏まえて、施設ごとに基準を策定」するとしており、これに基づいて、日本原燃がまとめたシビアアクシデントを以下に示します[2]。

重大事故の分類(規制基準)	想定した重大事故等対処事象例
①セル内において発生する臨界事象	溶解層における臨界、プルトニウムを含む溶液の誤移送にいたる臨界
②放射性廃棄物を冷却する機能が喪失した場合セル内において発生する蒸発乾固	冷却機能の喪失による蒸発乾固
③セル内において発生する水素の爆発	放射線分解により発生する水素による爆発
④セル内において発生する有機溶媒その他の物質による火災または爆発	プルトニウム精製設備のセル内での有機溶媒火災
⑤使用済燃料貯蔵設備に貯蔵する使用済燃料の著しい損傷	燃料貯蔵プールにおける使用済み燃料集合体の損傷
⑥放射性物質の漏えい	高レベル廃液貯蔵設備の配管からセルへの漏えい
共通要因により複数の事象が同時にまたは連鎖して発生する場合	長時間の交流電源喪失 ・冷却機能の喪失による蒸発乾固 ・放射線分解により発生する水素の爆発 ・燃料貯蔵プールにおける使用済燃料集合体の損傷

表1　再処理工場における重大事故分類と例

3　いくつかの重大事故とその対策

　以上のように個別・具体的に重大事故を定義した結果、再処理施設に関する重大事故はきわめて多数に上り、日本原燃は適合性審査における資料のなかで、合計834の重大事故を挙げて、これらの事故を重要度にしたがって分類しています〔第99回適合性審査資料5（2）〕。その方法は環境影響にしたがって、（i）環境影響が大きい（1TBqを超える）、（ii）環境影響が小さい（0.01TBq～1TBq）、（iii）環境影響がきわめて小さい（0.001TBq以下）、という三つの区分と、事象進展の速さにしたがって、（a）事象進展が速い（48時間未満）、（b）事象進展が遅い（48時間～1年）、（c）事象進展がきわめて遅い（1年以上）、に3区分を組み合わせたもので、（a－i）すなわち48時間未満で進展し、環境に放出される放射能が1TBq以上の事故を「重要度高」と位置づけています。（TBq：テラベクレル＝10^{12}Bq）そして重要度高として選び出されたものが高レベル濃縮

廃液廃液貯槽などの蒸発乾固事故です。さらに、上記分類とは別に、さらに厳しい条件を課すことで発生する重大事故として18種の機器内臨界、6種類の漏えい臨界、3種のTBP爆発、使用済み燃料貯蔵設備における臨界事故、を挙げています。これらのなかからいくつかの重大事故に関して、審査資料を基にやや具体的に述べてみましょう。

○高レベル濃縮廃液貯槽の蒸発乾固

日本原燃の資料はこの事故に関して「（これまで）冷却の必要な貯槽は、2系統の冷却系で常に冷却している。どちらか1系統のみで冷却可能となっており、ポンプについては系統毎に1台ずつ予備を備えている」としていましたが、「しかし、重大事故として、2系統とも安全冷却水系の冷却機能が喪失したことにより、蒸発乾固が発生すると想定」と述べてこの審査で蒸発乾固の重大事故が発生することに変更したことを認めています。（第73回適合性審査資料3−1）

日本原燃は上記重要度高の高レベル濃縮廃液貯槽の蒸発乾固が発生した場合に環境に放出される放射能による被ばく影響の評価を示しているので、以下に紹介しましょう。

六ヶ所再処理施設内には高レベル廃液貯槽が12基合計486m³の容量がありますが、空き容量を確保するため、貯蔵されている量を366m³として計算していま

核種	放射能(Bq)	半減期
ストロンチウム90／イットリウム90	6.9×10^{18}	28.8年
ルテニウム106／ロジウム90	3.2×10^{18}	1.02年
セシウム134	2.1×10^{18}	2.06年
セシウム137／バリウム137m	1.0×10^{19}	30.2年
セリウム144／プラセオジム144	1.7×10^{18}	285日
プロメチウム147	1.8×10^{18}	2.62年
ユウロピウム154	4.4×10^{17}	8.59年
アメリシウム241	1.6×10^{17}	432年
キュリウム244	4.3×10^{17}	18.1年
合計	2.7×10^{19}	

表2　高レベル廃液の核種組成

す。この廃液内には表2に示すような放射性核種が入っています。

　放射性廃液は崩壊熱(放射線による熱)のため放置しておけば温度が上昇するので、貯槽のなかに冷却管を入れ水を流して冷却しています(2系統の冷却機能)。何らかの原因で、冷却水が止まり、冷却機能が失われると温度が上昇して、液は蒸発して溶解していた物質は固まります(蒸発乾固)。さらに温度が上昇し150℃以上になるとルテニウムが揮発性の四酸化ルテニウム(RuO_4)となり[3]、日本原燃の想定によれば12%程度($\sim 10^{17}Bq$)が放出されます。〔従来は二酸化ルテニウム(RuO_2)も揮発すると考えられていたが、日本原燃の資料ではこれを否定している〕。

発生防止対策	安全冷却系への直接注水
拡大防止対策	貯槽内への注水
異常な水準の放出防止対策	・通常の排気ルートの弁の閉止 ・放射性物質のセル壁等への沈着 ・可搬型排風機を用いた(フィルターを通しての)排気

表3　蒸発乾固事故への対応策

　この蒸発乾固の発生について、日本原燃は当初、「冷却の必要な貯槽は、2系統の冷却系で常に冷却している。どちらかの1系統のみで冷却可能な設計となっており、ポンプについては必ず1台ずつ予備を持っている」「1系統の冷却機能が喪失しても別の1系統で冷却機能を維持するため安全上の問題に至らない」と多重性を強調していましたが、審査の過程で、上述のように蒸発乾固が起き、ルテニウムの放出による重大事故が起こることを認めました。この事故に関する対応策として日本原燃は表3のような方策を示しています。

　○臨界事故
　従来は「溶解槽において仮に臨界が発生しても可溶性中性子吸収材の自動供給により臨界が収束する」としていたものを「自動供給に失敗し

て臨界が継続することを想定」として重大事故発生を認めました。

　第84回適合性審査のなかで、臨界事故問題が議論されています。日本原燃は資料〔第84回適合性審査資料2（2）〕のなかで、溶解槽の臨界事故について述べています。溶解槽は、切断した使用済み燃料を、濃硝酸で溶解する施設で、二酸化ウランペレットや切断されたジルコニウム被覆管が巨大な水車型の容器のなかに置かれ、ゆっくり回転するなかで溶解するしくみとなっています。具体的に臨界の条件は示されていませんが、二酸化ウランのペレットが何らかの原因で一ヵ所に集まってしまえば臨界になると考えられます。中性子の検知装置などで臨界発生を検知し、可溶性の中性子吸収剤を流し込むことによって、臨界を止めます。資料では「可溶性中性子吸収剤緊急供給系の機能喪失により、溶解槽への可溶性吸収材が供給されず、溶解槽における臨界が継続することを想定する」「核分裂により放出される熱エネルギーによって溶液に温度が上昇する。新たに生成する核分裂生成物のうち希ガス、ヨウ素塔が気相中に放出される。また、溶液の温度が上昇し沸点に至ると、溶液の蒸発に同伴する放射性物質が気相中に放出される」として、臨界に伴い発生する放射性ガスをいかに処置するかについて述べられています。そして溶解槽排風機入口ダンパの閉止などにより、これらの放射性ガスを、セル内に、少なくとも建屋内に閉じ込めることができるとしています。資料は放射性ガスの閉じ込めと、可溶性中性子吸収材の供給による未臨界達成を並行して実施する、としています。しかしながら、臨界によって中性子線が出ており、しかも放射性ガスが充満している建屋内に入って、中性子吸収材を供給する作業が可能かどうかは大きな疑問が生じま

拡大防止対策	可溶性中性子吸収材の注入
異常な水準の放出防止対策	・ダンパの閉止 ・セル、セル排気系を用いた短寿命放射性物質の減衰 ・放射性気体の建屋内の滞留による放射能の減衰

表4　臨界事故への対応策

す。資料では、溶解槽セル排風機入口ダンパ閉止の作業は20分程度であり、作業員の被ばくは10mSv程度であるとしていますが、あくまで想定にすぎません。

○有機溶媒の火災事故

　従来は「有機溶媒が配管からセルに漏えいした場合は、有機溶媒を回収する。未回収の有機溶媒が何らかの原因で着火、火災が発生したとしても周辺公衆に著しい放射線被ばくのリスクをあたえないことを確認している」として重大事故発生を否定していましたが、今回の審査で「しかし、重大事故として、セル内に漏えいした有機溶媒が回収されない状態で加熱、着火して火災が発生したと想定」として重大事故発生を認めました。

　第86回審査のなかで日本原燃はプルトニウムの精製塔内での有機溶媒火災についての資料を提出しています。〔第86回適合性審査資料2（2）〕プルトニウム精製塔は、精製建屋内のプルトニウム精製設備において、溶媒抽出法により、プルトニウムから不純物を除く装置ですが、資料では「（プルトニウム精製設備のセル内で）有機溶媒が漏えいし、漏えいした有機溶媒を回収する機能が喪失した状態で、有機溶媒が引火点以上に加熱され、着火する温度により火災が発生することを想定する」「ガス消火設備（窒素濃縮空気の供給設備）による消火が失敗した場合は、火災が継続し、有機溶媒に含まれる放射性物質が気相に移行する。気相に移行した放射性物質は精製建屋換気設備のセルからの排気系に移行する。最終的には漏えいした有機溶媒が全量燃え尽きることで有機溶媒火災は鎮火する」と想定しています。有機溶媒（n－ドデカン）の引火点は74℃、漏えいした有機溶媒の全量200Lが燃焼した場合放出される放射性物質はセシウム137換算で2×10^{10}Bqとしています。表5のような対応策をとるとしています。

発生防止対策	窒素濃縮空気の供給
拡大防止対策	防火ダンパの閉止、閉止板の設置
異常な水準の放出防止対策	（フィルターを通しての）セル排風機または建屋排風機を用いた廃棄による経路維持

表5　有機溶媒火災事故への対応策

○ TBPなどの錯体の急激な分解反応（爆発）

　適合性審査第149回（2016年9月28日）の会議資料3（2）に表記のような重大事故として挙げています。「TBP等の錯体」とは何でしょうか。これは以前から「レッドオイル」と呼ばれていた爆発性の化合物です。古い文献[4]は「再処理溶媒は、槽類内で硝酸や硝酸塩系の燃料が共存する状態で異常に加熱されるとレッドオイルと呼ばれる赤色を呈する混合物を与える。（中略）適切に定義するならば金属硝酸塩――TBP錯体を含む高密度でエネルギー活性な有機溶液である。この物質は、米国のピューレックス・プラントにおいてパイロット段階を含めて過去三回経験された制御不可能な大量のガス発生を伴う急激な発熱反応の原因物質とされている」と述べています。同文献によれば、レッドオイルは130℃程度加熱することにより合成され、またFPなどの放射性物質共存下で溶媒と硝酸が、照射・加熱されることによっても合成されます。日本原燃の審査資料〔第149回適合性審査資料3（2）〕はTBPとU、Pu、HNO_3とで錯体が形成され、135℃以上で急激な分解反応が発生するとしています。

　これらの資料を見ると、日本原燃はTBPがウラン濃縮缶や蒸発缶など、温度上昇の可能性のある装置に混入することがないので、発生の可能性は低いが、万一発生した場合を想定して、対応をとるとしています。レッドオイル爆発の危険性は以前からいわれていましたが、生成条件や爆発条件はまだ不明の点も多く、果たして十分な対策が立てられているのか心配です。

○水素爆発

施設内を流れる有機溶媒、水のいずれも放射線分解によって水素ガスが発生するので、掃気などによって常に水素濃度を低く保っていなければなりません(空気に水素ガスが、体積比で4％から18.3％混合した場合、これに何らかの原因で着火すれば、「爆燃」といい衝撃波を伴わない燃焼が起きます。18.3％以上の混合気体の場合、「爆轟(ごう)」と呼ぶ破壊力の大きい、衝撃波を伴う爆発が起きます。ただし18.3％の下限濃度については、例えば12.5％などいくつかの説があります)。

従来は「水素を掃気するための空気圧縮機は3台あり、1台ですべての貯槽用の水素を掃気するための圧縮空気を供給できます。稼働中の空気圧縮機が万一停止した場合も、貯槽内の水素が爆発する濃度になる前に予備の空気圧縮機を起動することが可能」として重大事故発生を否定していましたが、今回の審査で「しかし重大事故として、空気圧縮機が全部停止し、貯槽内の水素が爆発する濃度になり水素爆発が発生する事態を想定。」と重大事故発生を認めました。水素爆発に対しては、表6のような対応策をとるとしています。(適合性審査第73回資料3－1)

発生防止対策	可搬型エンジン付きコンプレッサによる水素掃気
拡大防止対策	可搬型エンジン付きコンプレッサによる水素掃気
異常な水準の放出防止対策	・放射性物質などのセル内への導出 ・(フィルターを通しての)可搬型排風機を用いた排気による経路維持

表6　水素爆発事故への対応策

○外部要因事故、同時発生事故

これまで、濃縮廃液貯槽の蒸発乾固、臨界事故、有機溶媒の火災事故、水素爆発事故を例として挙げてきましたが、これらは装置の故障、誤操作など、施設内部の要因によって単独で発生する事故です。しかし一つの事故によって連鎖的にこれらが誘起され発生する場合もありますし、また地震、津波、外部電源の喪失など外部要因によって発生し、地震津

波などの外部要因と合わせて対処しなければならないことはもちろんです。

4 適合性審査の問題点

以上、現在進行中の適合性審査のほんの1部分をのぞいてみました。今後これらの重大事故とそれに対するJNFLが提起している対策が、規制委員会によってどのように判断されるか、不明です。ただ、図1にも示したようにこれらの対応策、例えば注水装置、や排風機などが、すでに建設されてしまった施設や建屋に新たに追加・設置されるということです。その施設や建屋は通常の工場などと違って、これまでのホットテストのなかで放射性物質に汚染されてしまっており、簡単に建て替えたり、改造したりすることが困難であるという点に注意する必要があります。したがって、大幅な設計変更などは到底できません。図に示されているように、注水系の設置や、「可搬式」の排風機を取り付けるための部品を設置するくらいです。それすらも、果たして可能なのか、汚染環境のなかで、リークなどの無いように工事ができるのかきわめて疑問で

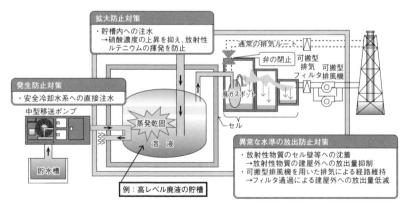

図1　重大事故(高レベル廃液貯槽の蒸発乾固)に対する対策
（第73回適合性審査資料3-1：JNFL Ⅱ-1．事故対策概要より作成）

す。

　既設の工場に手を加えることによって果たして安全性が本当に向上するのか、適合性審査の最も基本的な問題点です。

［注］
1　（日本原子力学会再処理・リサイクル部会・核燃料サイクル施設シビアアクシデント研究ワーキンググループ報告書『核燃料サイクル施設における対応を検討すべきシビアアクシデントの選定方法と課題』）
2　日本原燃「再処理施設の事故影響について」（2014年3月18日、原子力規制委員会HP）
3　阿部仁他「硝酸ニトロシルルテニウムの熱分解に伴う揮発性化学種の放出挙動の検討」JAEA-Research 2014-022
4　宮田定次郎他「レッドオイルの合成と化学形同定」JAERI-Tech、99-040（1999）

第4章

六ヶ所再処理工場の耐震安全性

立石　雅昭

2016年9月9日、原子力規制委員会の「核燃料施設等の新規制基準適合性に係る審査会合」において、青森県六ヶ所村に立地する「再処理施設、廃棄物管理施設及びMOX燃料加工施設の地震等に対する新規制基準への適合性」について審査された。その審査会合において、原子力規制委員会は「耐震重要施設等を支持する地盤に将来活動する可能性のある断層等は認められない」とする日本原燃による報告（日本原燃、2016）をほぼ妥当とする判断を示した。しかし、この判断は、渡辺他（2008）が変動地形学的調査をもとに提起した、敷地直下を通る六ヶ所断層の存在の可能性について、科学的な反論を回避している。

そもそも、下北半島を含む本州弧最北部の青森地域は12～13万年ごろの中位段丘が波打った変形をしていることで広く知られてきた（宮内、1990）。この波状変形の形成過程は必ずしも明らかでないが、その変形

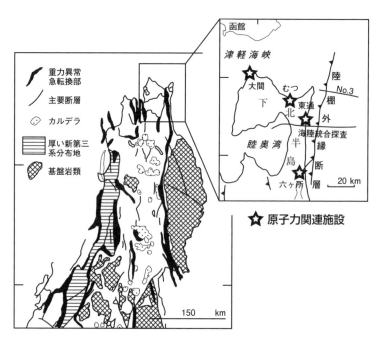

図1　東北日本地質構造概要と下北半島に立地する原子力関連施設

は新第三系の褶曲構造と調和的であり、その変形をもたらした地殻変動は、新第三紀末葉から第四紀にかけての変動が、第四紀後期にも引き継がれていることを示唆する。下北半島には六ヶ所村の再処理工場をはじめ、多くの原子力発電所関連施設が建設されている（図1）ことから、それら諸施設の耐震安全性を検討するには、下北半島を含む東北本州弧北部の変動変形をもたらした地殻変動の解析が欠かせない。

下北半島の東方沖合の海域の調査・解析は、下北半島各所に原子力発電所や使用済み燃料処理施設を抱える電力関連事業者4社（日本原燃、東北電力、東京電力、およびリサイクル燃料貯蔵）が2012年から2014年にかけて共同で進めていた。その結果を基に、2013年12月、電力関連4社は、下北半島東方沖合に走る大陸棚外縁断層の活動性を否定した。この報告に対し、規制委員会はデータ不足を指摘し、2014年5月からは規制庁も独自に海域・陸域の調査に着手した。2016年1月15日、原子力規制委員会は日本原燃の六ヶ所村再処理工場に関する規制基準適合審査を開催している。この会合では、日本原燃は、先におこなった4社の共同調査にもとづいて下北半島東方沖の南北約84kmにわたる「大陸棚外縁断層」は活断層ではないとする解析結果をあらためて報告し、規制委員会はそれを妥当と評価した。しかし、この評価はこの断層の形成過程や今後の活動性に関して多くの疑念を十分解明することなくくだされたものであり、再処理工場の耐震安全性を担保しうるものとはいえない。

本稿では、再処理工場などの核燃サイクル諸施設が立地する敷地の直下に想定される六ヶ所断層、ならびにそれが派生しているとされる下北半島東方海域の「大陸棚外縁断層」の活動性に関する課題を検討するとともに、下北半島の全般的地殻変動と原子力関連諸施設の関連を論じる。

1 核燃サイクル諸施設敷地直下の活断層－六ヶ所断層

渡辺他（2008）は、変動地形学的調査にもとづいて、六ヶ所村の核燃サ

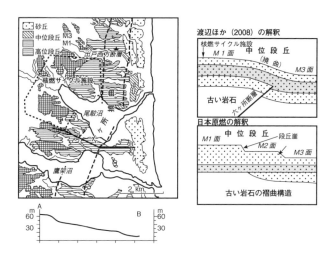

図2 核燃サイクル施設敷地とその周辺の段丘分布と尾駮沼南の黒実線に沿った地形断面。右はその断面で渡辺ほか(2008)と日本原燃の解釈の違いを概念的に示す。

イクル施設(再処理工場や核廃棄物中間貯蔵施設など)の敷地の直下に活断層が存在する可能性を指摘した(図2)。

　筆者は地学団体研究会新潟支部の会員とともに、2010年3月と5月、日本科学者会議青森支部松山力氏と「黙っちゃおられん津軽の会」の方々の案内のもとに、六ヶ所村において共同の調査活動をおこなった。ここでは野外での観察・解析の結果を加えながら、渡辺他(2008)の指摘する六ヶ所断層について、地質学・地形学的問題を整理する。

○**地形学的に見る六ヶ所撓曲**

　六ヶ所村の核燃サイクル施設周辺には高さの異なる数段の段丘面が発達する(図2)。核燃サイクル施設自体の多くは高位段丘面上に立地するが、その東側(日本海側)に、中位段丘が分布する。日本原燃(2008)は、およそ12〜13万年前以降に形成された中位段丘をM1面、M2面、M3面に区分し、それらは段丘崖をもって接し、異なる時期に形

成された段丘であると解釈し、原子力安全保安院ならびに原子力規制委員会はその解釈を妥当としてきた。そうした解釈に対して、渡辺他(2008、2009)は、Ｍ１面とＭ２面の間に明瞭な段丘崖はなく、両段丘が構成する地形面は海側に傾斜した一続きの面だとしている(図２)。このように同時期の地層もしくは地形が一方向に傾き下がる構造を撓曲と呼ぶ。渡辺他(2008、2009)は敷地周辺の地形面の傾斜を六ヶ所撓曲と呼び、傾斜が緩やかになる海側の端部の下から陸側に傾き下がる逆断層(六ヶ所断層)が地下に埋もれていて、Ｍ１面が形成されたおよそ12〜13万年後、この断層が数度にわたり活動して、この撓曲地形が形成された可能性を指摘しているのである。六ヶ所断層は西に傾き下がることから、核燃サイクル諸施設の直下を通ることとなる。

○敷地北東方で地表に現れる出戸西方断層

　敷地の北を東に流下する老部川の左岸にはＭ１面を変形させている出戸西方断層(活断層研究会編、1991)が露頭で確認される(渡辺他、2008)。一方、日本原燃(2008)はこの出戸西方断層を、地質平面図ではＭ２面とＭ３面を画するように描く一方、断面図ではＭ３面の間に描き、その露頭スケッチ(図３)では基盤の鷹架層と、それを不整合で覆うＭ２面堆積物、さらにそれを覆う風成のローム堆積物を切断する断層として描いている。断層は地表面には達していないが、地表面は明らかに傾動している。他方、東京電力(2006)は、ほぼ同じ地点(Loc.D－２)とその南(より川に近いLoc.D－１)の２地点の出戸西方断層の露頭スケッチを示している。東京電力は、Loc.D－２において、スケッチ(図３)のやや西の部分で、段丘堆積物の最上部に11.2万〜11.5万年前の噴出年代を示す洞爺(Toya)火山灰を見いだし、この段丘堆積物をＭ１'面堆積物とし、出戸西方断層は西側の鷹架層と東側のＭ１'面堆積物とを境する西上がりの逆断層としている。原子力安全保安院と原子力規制委員会は事業者によるこの露頭の記載の齟齬を吟味せず、日本原燃のデータに

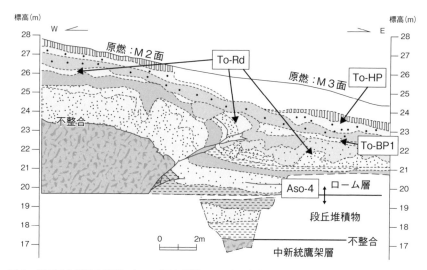

図3　出戸西方断層の露頭スケッチ(日本原燃、2008)。火山灰層のおおよその噴出年代　Aso-4(阿蘇4)火山灰：8.5～9万年、十和田レッド(To-Rd)火山灰：8万年、十和田ビスケット1(To-BP1)火山灰：3.5万年、十和田八戸(To-HP)火山灰：1.5万年。
※東電、東北電、日本原燃が同じ地点のスケッチを提出。そのスケッチを参照して作成。

基づく出戸西方断層の評価を受け入れている。

　渡辺他(2008)は、この撓曲地形が敷地北方の出戸西方断層近傍から、核燃サイクル施設敷地下を通って、さらに鷹架沼の南まで続いているとし、地下に埋もれている活断層は少なくとも全長15kmに達する可能性を指摘している。一方、日本原燃(2016)は、出戸西方断層に関する総合評価として、出戸西方断層を6kmとし、地震動評価上考慮する断層の長さはその北方に約4km伸ばしておよそ10kmとし、敷地直下には伸びないとしているのである。

○六ヶ所断層の地質学的課題

　核燃サイクル施設周辺の中位段丘においては、図2に示すように、M1面とM2面の間に明瞭な段丘崖がなく、一つの段丘面が撓曲してい

るとする渡辺他(2008)の地形学的変形は地形図や現地調査においても確認される。この地形形成過程を説明しなければ、2006年の新耐震設計審査指針にうたわれた「変動地形学的解析」をおこなったことにはならない。新耐震設計審査指針でうたわれた変動地形学的解析は、2007年の中越沖地震による柏崎刈羽原発の被災後に求められた既設原発に対するバックチェックや福島原発事故後の新規制基準への適合性を求める審査において、一貫して不十分なまま、妥当あるいは適合しているとの判断が繰り返されている。福島原発事故前に設置許可がくだされ、現在青森県で建設中の電源開発大間原発、東京電力東通原発に関する審査においても同様である。

　渡辺教授の見解を補強し、原燃の主張が科学的に誤っていることを、地質科学的にも確認するには、それぞれの段丘の形成時期を明らかにすることが必要である。

　段丘の形成時期は、分布高度や堆積時の平坦面の保存状況などの地形的特徴とともに、段丘を構成する海あるいは川の営力で堆積した堆積物中、あるいはその上に重なる風成堆積物中に挟まれる火山灰層の同定によって決められる。地形的には明らかな六ヶ所撓曲の形成過程を検討するには、撓曲する地形の構成物の堆積年代を検証するとともに、地下地質構造の探査を高い精度でおこなわねばならない。

2　長大な陸棚外縁断層の評価について

　六ヶ所核燃施設の直下に想定される六ヶ所断層は、下北半島の東の沖合に走る陸棚外縁断層から枝分かれした断層の可能性が指摘されている（池田、2012）（図1）。陸棚外縁断層は活断層研究会編(1991)などによって活断層とされてきた。

　原子力安全基盤機構の堤他(2014)は、Matsu'ura et al.(2014)の研究をもとに、下北半島の津軽海峡に面した海成段丘の高度分布と北方の海

底地質断面に見られる非対称な褶曲構造から東方沖合に走る陸棚外縁断層の活動性について検討している。この断層関連褶曲をもたらした沿岸断層(ここでいう陸棚外縁断層)の活動性評価に関して、同じ音響断面(図4)の解析に基づいてもMIS5e期以降の活動性について意見を異にしている現状について、海底における音響断面に沿った地質学的調査に基づく年代拘束の重要性を指摘するとともに、沿岸陸域に分布するMIS5e段丘(M1面)堆積物の旧汀線を指標とした地殻変動の解析成果から、陸棚外縁断層は活動的である可能性を指摘している。図4の下に示した日本原燃(2015b)の解釈図は、こうした指摘も加味しておこなわれた海底ボーリング資料による年代指標を取り入れたものであり、その結果、日本原燃(2015b)は、陸棚外縁断層は海域におけるCp層(更新世前期末葉から中期の堆積物)の中部堆積時(約25万年前)までにその活動を

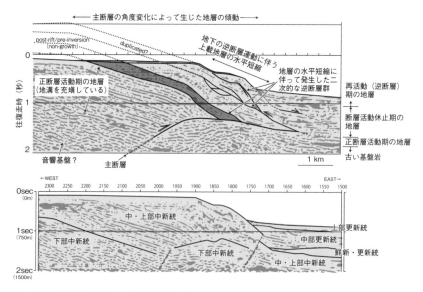

図4 陸棚外縁断層に関わる地震探査断面(図1のNo.3測線)についての解釈。上は池田(2008)、下は日本原燃(2015b)による解釈。
※参考：岩波書店『科学』誌(上図)、リサイクル燃料貯蔵株式会社による反射断面図(下図)。
　日本原燃、東北電、東電、リサイクル燃料貯蔵株式会社の4社が共同で調査した結果。

終えているとした。しかし、この解釈図を見れば、その解析の不十分さは明らかである。確かに、図では事業者がいうCp層（図4下の中部更新統）中部までが陸棚外縁断層に切断されている。ところが、この断面では、断層の陸側地質体には断層でずれ動いたCp層が全く記述されていない。その垂直的な落差は100〜200mに達している。1回の地震を引き起こす断層活動による変移が10mとしても、少なくとも、10回に及ぶ活動でずれ動いたことになる。この震探断面ではそうした断層の活動履歴がよみとれない。震探断面から最新の断層運動を読み取るためには、数m〜10数mの解析精度が求められる。また、この解釈では、第三紀鮮新世後期から第四紀更新世前記に堆積したDp層（図4下の鮮新・更新統）ならびに第四紀更新世中期のCp層が断層の陸側に全く認められない。断層の西ではこれらの新期堆積物が削剥され、その上位にCp層上部が断層をまたいで堆積したとする解釈であろうが、断層最終活動期の地層の分布とその後の堆積過程を説明するべきである。

　日本原燃の解釈は、共同で調査・解析した、東北電力・東京電力など、下北半島に原子力関連施設を有する事業者に共通した解釈である。原子力規制委員会もそうした解釈を妥当と受け入れた。しかし、陸棚外縁断層の活動性を否定するだけでは、宮内（2012）やMatsu'ura et al.(2014) による陸奥湾南岸や下北半島のMIS 5 e期の段丘堆積物の波状褶曲の成長を説明することができない。下北半島や陸奥湾南岸の地形変形をもたらした運動と陸棚外縁断層の活動との関連を検討するべきである。

3　下北半島の隆起と地殻変動

　伊藤（2014）は、重力異常急勾配帯で示される東北日本を例に、沿岸域における震源断層を考える上で、日本列島の地殻構造を理解することの重要性を論じている。北上山地の西縁には盛岡－白河構造線と呼ばれる重力異常の急勾配帯が南北に延びる（図1）(Sato、1994；佐藤・

池田、1999；工藤他、2010)。基盤岩類の分布する北上山地は高い重力異常を示し、主に新第三紀の火山岩類や堆積岩からなる奥羽脊梁山地から日本海沿岸は負の重力異常となる。その間の重力異常急勾配帯は東北日本の地殻変動上、最も重要な構造線の一つである。この構造線は千数百万年前の日本海拡大時に東北日本リフト堆積盆の東縁を画す西側低下の正断層として発生したが、500万～300万年前からの日本列島の圧縮にともなって、反転し、西側隆起の逆断層に転じた活構造である。Sato (1994)や佐藤・池田(1999)は、この重力異常急勾配帯が北に延び、八戸、六ヶ所を経て、下北半島中央を走るとした(図1)。この断層の活動性は2003年宮城県北部地震、2008年の岩手・宮城県境地震で注目されたが、北部での活動性は不明瞭である。

日本原燃(2015a)が、他の事業者と共同で実施した下北半島を横断する海陸統合調査(測線を図1に示す)の解析結果を図5に示す。その結果、原燃は、下北の脊梁山地の地下には基盤岩などの硬質な岩石が浅部まで隆起している可能性を指摘している。しかし、こうした地下深部での高

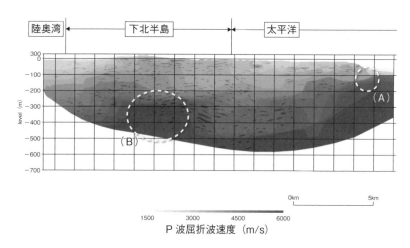

図5 陸奥湾から太平洋沖にかけてのP波屈折波速度構造にもとづく海陸統合地質構造解析結果(日本原燃、2015a)。測線は図1参照。(A)は陸棚外縁断層の位置に相当。
※参考：日本原燃、東北電、東電、リサイクル燃料貯蔵株式会社の4社が共同で調査した結果。

密度岩体の分布については、重力異常、特に重力異常の急勾配帯との整合性の検討が不十分である。すなわち、この屈折波による速度構造では下北半島東部に岩体の急な変化が認められる（図5のB）一方、重力異常では硬質岩体の西に急勾配帯がある（図1）。地下における密度の異なる岩体や地質体の分布は、地殻変動の結果を示すことから、その分布を精度よく解析し、その分布をもたらした運動を検討しなければならない。

なお、下北半島沖合の陸棚の下には、陸に向かって厚くなる新期の地層が分布する（図5）。この新期の地層の分布は、陸棚外縁断層に関する日本原燃（2015b）などの解析結果（図4下）とはかなり異なる。こうした新期地層の分布を説明するには、ごく沿岸部に活動的な断層が存在し、その断層が継続的に活動しつつ、それに向かってくさび状に新期の地層が堆積し続けることが必要である。この沿岸部に想定される断層についても調査が必要である。

まとめ

日本原燃が青森県六ヶ所村に建設している再処理工場など、核燃サイクル施設の耐震安全性に関わって、周辺の断層の活動性に関する日本原燃の調査解析の問題点を整理した。

1）敷地周辺の中位段丘面は撓曲した地形をなす。この撓曲地形を形成した六ヶ所断層は敷地直下を走る可能性が高い。この六ヶ所断層は、少なくとも15km以上の長さを有している。
2）日本原燃などの電力事業者は下北半島や陸奥湾南岸の中位段丘の変位・変形を無視して、下北半島沖合に走る長大な陸棚外縁断層の中期更新世以降の活動性を否定している。
3）東北日本の地殻の構造に関する情報を収集、整理し、その形成と変遷の過程のなかで、下北半島の隆起と沈降、変形の運動像を総体として明らかにすることが必要である。電力事業者と規制当局もしば

しば「総合的判断の結果」と言及するが、個々の局面だけを切り出しての議論が多く、運動像全体として見ると相矛盾している。

日本においては原子力関連施設の最大のリスクはその耐震安全性である。再処理工場敷地ならびに周辺地域における地殻の運動像をより科学的に明らかにすることが求められる。

[引用文献]
- 池田安隆　2012　下北半島沖の大陸棚外縁断層．科学，82，6，644-650．
- 伊藤谷生　2014　地殻災害軽減の基礎を担う地質学：震源断層解明作業への寄与．学術の動向，19，9，28-33．
- 活断層研究会編　1991　新編「日本の活断層」分布図と資料．東京大学出版会．
- 工藤　健・吉田武義・山本明彦・河村　将・志知龍一　2010　重力異常からみた東北本州弧地殻構造の特徴．月刊地球，32，6，373-382．
- Matsu'ura,T.,Kimura,H.,Komatsubara,J.,Goto,N.,Yanagida,M.,Ihcikawa,K.,Furusawa,A.,2014 Late Quaternary uplift rate inferred from marine traces,Shimokita Peninsula,northeast Japan：A preliminary investigation of the buried shoreline angle. Geomor［hology 209］,1-17.
- 宮内崇裕　2012　海岸部を襲う直下型地震．科学，82，6、651-661．
- 日本原燃　2008　再処理施設及び特定廃棄物管理施設「発電用原子炉設計施設に関する耐震設計審査指針」等の改訂に伴う耐震安全性評価について―出戸西方断層と校舎構造との関係―．原子力安全保安院地震・津波合同WGサブグループB第2回会合資料2. 22頁.
- 日本原燃　2015a　下北半島東部の地質構造調査に関する最終評価結果の概要．7 p．
- http://www.jnfl.co.jp/ja/release/press/2015/detail/file/20150723-1-1.pdf
- 日本原燃　2015b　再処理施設、廃棄物管理施設、MOX燃料加工施設　敷地周辺海域の活断層評価について（コメント回答）．再処理施設等の地震等に係る新基準適合性審査に関する事業者ヒヤリング(39)，資料4，http://www.nsr.go.jp/data/000119970.pdf
- 日本原燃　2016　再処理施設、廃棄物管理施設、MOX燃料加工施設　敷地内断層の活動性.
- 評価について　コメント回答．原子力規制委員会、第146回核燃料施設等の新規制基準適合性に係る　審査会合資料1‐1，p.229．
- 佐藤比呂志・池田安隆　1999　東北日本の主要断層モデル．月刊地球，21，9，569－575．
- 堤　英明・杉野英治・内田淳一・松浦旅人・藤田雅俊・道口陽子　2014　活断層の位置・形状評価及び活動性評価に関する手法の整備．JNES-RE-2013-2040，73p．原子力安全基盤機構．
- 東京電力　2006　東通原子力発電所　原子炉設置許可申請書．
- 渡辺満久・中田　高・鈴木康弘　2008　下北半島南部における海成段丘の撓曲変形と逆断層運動．活断層研究，29号、15－23．
- 渡辺満久・中田　高・鈴木康弘　2009　原子燃料サイクル施設を載せる六ヶ所断層．科学，79，2，182-185．

第 5 章

動燃東海再処理工場の建設・試運転などが示したもの

円道　正三

1　はじめに

　日本で最初の再処理工場である動力炉・核燃料開発事業団・東海再処理工場(以下TRP)が建設され施設の通水作動試験〔昭和48(1973)年～〕、化学試験〔昭和49(1974)年～〕が実施されようとしていた時期に筆者は、動力炉核燃料開発事業団労働組合(以下動燃労組)の東海支部委員長としてTRP現場で直面している問題の解決に取りくむことになりました。折しもこの時期は原子力船「むつ」が放射線漏えい事故[1]を起こし世の中、騒然となっていました。

　そのため、動燃労組は、「むつ」の教訓を生かし、「むつ」とは桁違いに、大量の放射性物質を取り扱うTRPの安全性を確保するため、"装置の不具合を見逃さないで改善する"を合い言葉に現場の組合員から要求や問題を聞く職場集会を重ねていました。

　その職場集会で東海支部委員長として、ウランテスト開始以後のTRPの装置やタンクに放射性物質が入れられた後では、不具合箇所の修理などをするには、放射性物質の除去と施設・設備内の除染作業が必要になること、また組合員(職員)、メーカーなどの修理作業従事者(従事者)が修理作業で放射線被ばくを受けるなど困難で危険な作業が想定されることから、問題意識をもって改善に取り組む必要性を訴えています。

　さらに、TRPで働く従事者全員の安全の確保(被ばく対策、労働条件、教育訓練、また放射線医療体制の充実など)に積極的に取り組みました。

　この労組の姿勢に対して労使交渉の場で動燃当局は、①再処理の技術は実証され確立しており安全性は確保されている、②TRPは厳しい安全審査に合格しており、安全性は確保されている、③また厳しい施設検査(使用前検査)に合格しているなどと説明を繰り返し、特段の問題はないと言明していました。

　確かにTRPは、他の原子力施設に見られない異例ともいえるウラン

試験、使用済み燃料を用いたホット試験および本格的な操業に入る前に、それぞれに原子力委員会の安全審査を受け安全性確認がおこなわれています。

それらの試験などに合格してTRPは、本格操業を開始しますが、故障や事故が相次いで発生し、操業実績(図3)からもわかるように、筆者たちが求めた安全な再処理工場とは、とてもいえない技術的状態だったのです。TRPの歴史的経緯を踏まえ、その時どきの問題点を以下に示します。

2　日本の再処理計画

日本で最初の再処理計画は、昭和31(1956)年9月に発表された原子力委員会の「原子力開発利用長期基本計画」(長計)[2]から始まります。

その直前の昭和31年8月10日に原子燃料公社[3]〔昭和42年10月に動力炉・核燃料開発事業団(動燃)、平成10年10月に核燃料サイクル開発機構、平成17年10月には独立行政法人日本原子力研究開発機構に再編成され現在に至る〕が設立され、原子燃料公社(後の動燃)が核原料物質、核燃料物質などの開発と使用済み燃料の再処理をおこなうことが定められました。

昭和36(1961)年2月に改訂された長計は、「昭和45(1970)年の後半にパイロット・プラントを原子燃料公社[4]に建設させる」と述べています。そのため、①原子力委員会の再処理専門部会は、昭和36年4月〜5月に海外に再処理調査団を派遣し諸外国の再処理工場を視察し、調査しました。この調査団の調査結果は、海外の現状から、従来考えていたパイロット・プラントを今日の段階において新たに作る必要はなく、海外からの技術導入により実規模の工場を建設することが望ましいと考えたのです。②再処理専門部会は、上記調査団の報告をうけて昭和37年4月「研究開発方針報告書[5]」を原子力委員会に提出しています。同報告書は

- 0.7～1t／日規模の再処理工場を昭和43年ごろまでに完成させることが望ましい。
- 数年の工事期間と十分な試験・検査期間をするためなどの理由から「昭和37年度には予備設計に着手することが適当である」

と述べています。

3 TRPの設計

　原子燃料公社は、昭和37(1962)年6月予備設計[6]を海外の米国(7社)、英国(2社)、仏国(1社)の計10社に依頼し、その結果、米国(3社)英国(2社)仏国(1社)の計6社から見積もりの回答がありました。

　昭和39(1964)年8月、米国、英国、仏国の計5社に詳細設計の見積もり依頼の意向打診をおこなっています。結局、英国のニュークリア・ケミカルプラント(NCP)社と仏国サン・ゴバン・ヌーベル(SGN)社が見積もりを出してきました。検討の結果、昭和41(1966)年2月にSGN(サンゴバン・テクニーク・ヌーベル社)に詳細設計を発注し、詳細設計[7]の終了予定時期は昭和43(1969)年でした。

　この設計の基準は、昭和37(1962)年4月の再処理専門部会がまとめた「研究開発方針報告書」の①0.7～1トン／日の規模で、②43年ごろまでに完成させる路線に即したもので、③設計のフイロソフイーは、安全第一を考え、耐震性、悪気象条件時のため廃気貯留施設、十分な廃液処理施設など、海外の再処理工場に比べて格段に安全な設計でした。

　保守方式[8]は機械セルについては間接保守、化学セルは直接保守方式を採用しています。

　TRPは、設計の段階から、ゆとりのないハイペースで作業がおこなわれたのです。

4　TRPの安全審査

　動燃は昭和43(1968)年8月「再処理施設の安全性に関する書類」を内閣総理大臣に提出しています。同年9月から原子力委員会は再処理施設の安全審査を開始しています。

　原子力委員会は、安全審査を再処理施設安全審査専門部会に付託し、同部会による審査は施設、環境の2グループに分かれて実施され、合計28回の部会検討の後、昭和44(1969年)3月「平常時および事故時の安全性は十分確保できる」とし、TRPの「安全確認」[9]を出したのです。

　ところが驚いたことに、原子力委員会[10]は、昭和50(1975)年2月25日、安全審査を追加すると発表したのです。その追加項目は以下の通りで、さらに「各事項の審査は、引き続き再処理施設安全専門部会において行う」としたのです。

① 「低レベル廃液の海への放出」に係る詳細な審査はホット試験開始前に行うものとする。
② 再処理施設の設計および工事の主要事項を「ウラン試験前」に報告を求め、安全性を確認する。
③ 「ウラン試験およびホット試験」の開始前にそれぞれ試験運転計画を検討し、その安全性を確認する。
④ 「本格操業開始前」に試運転結果を評価し、安全性の確認をする。
⑤ 上記各事項について審査等は、引き続き再処理施設安全専門部会において行うこととする。

　TRPの安全性の確認は、原子力委員会の再処理施設安全専門部会において異例ともいえる安全審査を施設の建設から本格操業までの各試験前に実施されています。

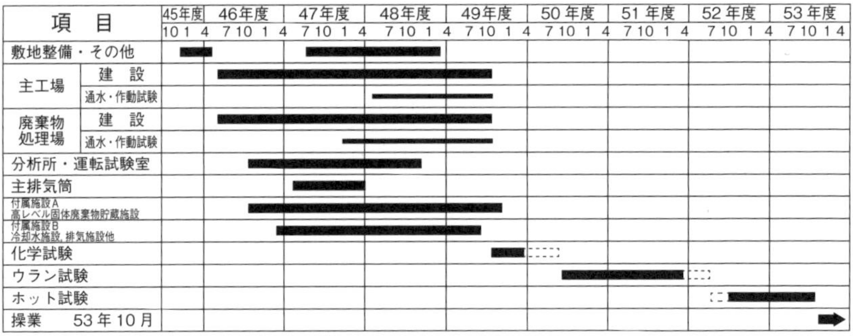

図1　再処理工場建設・運転計画スケジュール[11]

5　TRPの建設

　動燃はTRPの建設を、昭和46(1971)年6月に着工し、昭和49年(1974年)10月に主要施設が完成しました。突貫工事というべきものでした(図1参照[11]、機器の据え付けなども含む)建設の体制は、サンゴバン社と日本揮発油(株)の合弁企業が設立され、そこに動燃職員が派遣される形で進められたのです。

　その後、機器の検査、通水作動試験(7項参照)が休む間もなく続けられ、常に「スケジュール最優先、現場軽視」で進められたのです。なぜ、動燃は、そんなに急いだのでしょうか。詳細は割愛しますが、その理由の第一は原子力委員会が、昭和42(1967)年に内定した「動力炉開発の基本方針」です。それには高速増殖炉、新型転換炉開発のスケジュールが示されており、高速増殖炉実験炉は昭和43(1968)年に建設開始、昭和47(1972)年には試運転開始という夢のような計画があったのです。そのため1年でも早く、1日でも早くTRPを動かしプルトニウムを取り出す必要があります。また第二には前述(第2項参照)の再処理調査団が海外の再処理工場を視察、調査し「再処理技術は確立されており、技術導入で建設運転ができる」と原子力委員会に再処理専門部会を通して報告している

のです。これらの条件から動燃はスケジュール優先で、「教育訓練の重視」「十分な安全性を確保し慎重に進めるべき」という労組の声を無視し、化学試験、ウラン試験を強行したのです。

そのことは以下の歴代理事長の訓話[12]によく現れています。
「動燃はマネージメント専門であり、自ら手を汚して現場の仕事をするところではない。作業は民間施設や大学等、既存の機関と人材を利用してやればよい。(第2代　清成　迪)」
「動燃の仕事は現場中心ではだめである。『スクラップ・アンド・ビルド』で2～3年で成果を上げる必要がある。主任研究員的センスでは通用しない。(第3代　瀬川　正男)」
「技術開発を早く進めて、全社的技術移行、技術移転をはかる必要がある。与えられた仕事をよくやっていれば、移転後も仕事が無くなるということはない。(第4代　吉田　登)」

6　TRPのしくみと特徴

　TRPの工程[13]を図2参照に示します。主工程は原発から出て来た使用済み燃料(SF)を機械的にバラバラに細断するせん断工程、SFを化学的に溶解する工程、核分裂生成物とプルトニウム、ウランを分離・分配する工程、およびプルトニウムの精製・濃縮工程、ウランの精製・濃縮・脱硝・工程からなっており、また高放射性廃液の蒸発濃縮工程、低レベル放射性廃液の処理工程、排気ガス処理系、固体廃棄物貯蔵施設、分析所など放射性物質を扱う化学工場です。
　施設の特徴は、大量の放射性物質を扱うことから放射線被ばくを防ぐため厚いコンクリートに遮へいされたなかに各種の装置が設置され各装置間をパイプで結び各工程を放射性物質が流れるようになっていて、遠隔装置を用いて操作し、各種の計器や化学分析の結果をもとに安全を確認しつつ動かします。各工程の核物質の濃度や量はコンピューターで一

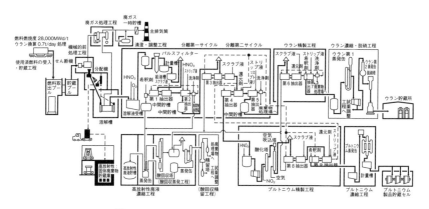

図2　再処理工場の工程[13]

元的に管理し安全を確認します。また核物質(ウラン、プルトニウム)の量を監視する国際査察を受け入れています。

　TRPの作業環境は、常に放射線被ばくと隣り合わせで、いったん事故が起こると、そこで働く作業者だけでなく、放射線管理部門、補修部門で働く作業員も現場に駆けつけ、汚染の程度を調べ、汚染を除去しなければなりません。また装置に故障があった場合は、除染後に補修することになりますが、それらの作業は常に被ばくとの戦いで寸分も気を抜けない過酷な作業なのです。

7　通水作動、化学、ウラン、ホットの各試験・操業運転

(1) 通水作動試験、化学試験での問題点

　労組は、現場組合員の意見や提案を受けつけるアンケート[14]を実施していました。アンケートによると通水作動試験、化学試験を終えた段階で改善が必要と判断された指摘事項は80件ありました。指摘事項はTRPの各工程から出されていました。それらの指摘された改善箇所を労使交渉で提案し改善を求めましたが当局は、「改善の必要がない」と

回答していました。継続して労働安全衛生委員会(委員会は労使同数で構成)で検討を重ねた結果、筆者は、ホット試験以降は、大量の放射性物質を扱うことから故障、不具合の修理には放射線量が高く、除染を含め大変困難な作業となり、放射線被ばくは避けることができいと指摘し、現場の技術者の英知を発揮し、必要な改善の実施を提案しました。

(2) ウラン試験での問題点

ウラン試験は、実際の使用済み燃料を使うホット試験前の最後の試験です。労組は、改善が必要と判断された80件の指摘事項の解決のため、ウラン試験の一時延期を申し入れています。しかし、動燃当局[15]は、「材料が入らない」、「改造方法が決まっていない」、「ウランテストに入ってからでもできる」といって再びウラン試験を一方的に強行したのです。この結果、度重なる汚染事故や身体を汚染する事故が起きました。

当時労組[16]が安全の確保を求め取り組んでいた姿勢の一部を紹介します。

労組の要求や当局への質問内容は、抽象的でなく具体的なものでした。組合員の被ばく事故・トラブル(当局は事故をトラブルと表現)について具体的なデータの提出を求めました。当局の回答は、「開示制限である」とか「やってみなければわからない」という言葉に代表されるように、抽象的なものでした。安全について、改善策などの具体的な議論をするためには、あらゆる事故やトラブルの事実を公開し、それらに対して多くの意見を取り入れ解析・対策を立てることがなによりも重要なのです。この「公開」なくして事故の教訓を導きだすこと、安全への関心をもつことはできません。

(3) ホット試験以降の問題点

① 最初の大きな故障は昭和53(1978)年8月24日に発生した酸回収蒸発缶のスチーム加熱部の腐食により放射性物質が漏えいした事故

です。

酸回収蒸発缶の加熱部から放射性物質が漏えいした事故の原因について筆者[17]（当時東海村議）は動燃に説明を求めて開催された説明会で「加熱部の材料、設計、施工、検査、運転のどの分野が腐食の原因であったと判断しているのですか」と説明者に質問をしました。説明者は「詳細な調査をしているところだが材料に問題があるとは認められない」と説明しています。

再処理工場における材料の選定と溶接の特徴[18]は、硝酸、その他による腐食に対する信頼度が最も重要で、15〜30年のメンテナンスフリーが要求されます。設計上、強度的な問題はほとんどありません。ただ臨界管理を形状制限にしている機器（溶解槽、プルトニウムの中間層、貯槽、蒸発缶）は機器のひずみが問題となるため、内圧はゼロに近くても強度設計を重要視していました。

② 安全審査では安全と判断されていたが溶解槽、プルトニウム蒸発缶、酸回収蒸発缶、酸回収精留塔などでも放射性物質が漏えいする事故・故障が相次いで発生し、修理交換が続きました。

TRPの設計処理量[19]は最大0.7トン／日で、認可上の年間の最大処理量は210トン／年でした。しかし保守作業・定期検査・核物質の在庫調査（PIT）のために年間の運転日数は170日、運転中の稼働率は60％として年間の処理量は70トンとなっていました。それにも関わらず、稼働率[20]（図3参照）はさらに低いものでした。

③ 平成9（1997）年3月11日アスファルト固化施設で火災・爆発事故が発生しています。事故の発生の経緯を以下に示します。

・10時6分ころ　充てん室内の固化体に火災が発生
・10時12分ころ　約1分間の水噴霧による消火作業を実施し鎮火。
・10時23分ころ　汚染拡大を防止するため、セル内換気系および建

屋換気系を全停止
・20時4分ころ　爆発が発生、破損した施設の窓、シャッターなどから2～3時間にわたって炎や煙が噴出。

〈事故原因〉

　アスファルトと放射性廃液を混合するエクストルーダーの速度を変更した結果、化学反応が促進され火災になりました。

〈事故の経過〉

　アスファルトに放射性廃液を混ぜドラム缶に充てんしていたとき、火災が発生し、消火設備で消し止めました。換気系を停止したことから施設(セル)内に引火性のガスがたまり爆発し、放射能が環境に放出しました。

〈施設に与えたダメージ〉

　爆発によって放射能を閉じ込める多重機能を破壊しました。

〈事故の対応〉

　事故の過小化と事故隠しで世論操作に走りました。

〈安全審査〉

　火災が発生しても消火でき事故の拡大を防止でき施設は安全と評価していました(爆発は想定していなかった)。

　この火災・爆発事故以後、同施設の運転は停止したままです。

④　再処理工場の設計では機械を用いて使用済み燃料をせん断する工程は、故障を想定し補修専用セルが用意され遠隔装置で故障を補修する機能を持っています。しかし、その他の工程は、故障を想定した遠隔装置などが設置されておらず、修理にはまず放射性物質を除去する除染作業を実施し、その後作業員が放射線防護服を着用して直接作業する危険な作業となっています。そのため、多くの作業員が無用の放射線被ばくをしたのです。

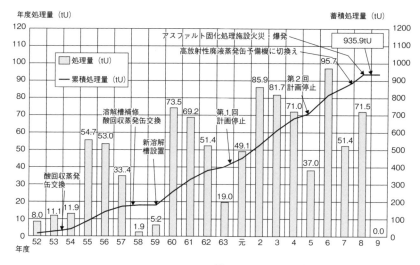

図3 動燃東海再処理工場の故障などと処理実績[20]

8 衆議院科学技術振興特別委員会で再処理問題での集中審議

　衆議院科学技術振興特別委員会昭和50(1975)年11月13日に開催された再処理問題集中審議[21]には、動燃の理事長、副理事長、再処理建設所長が出席し、動燃労組からは筆者(当時中央執行委員長)が東海支部委員長と共に参考人として出席しました。そのとき筆者は以下の陳述をしています。すなわち、①化学薬品を用いた化学試験のキャンペーンに組合員から寄せられた提案や意見を率直に紹介し、改善を求める発言をしました。また人員の不足、教育・訓練の不足、安全管理体制、連絡体制の不備も指摘する発言もしています。②さらに化学試験中に相次いで事故が発生していました。従事者の薬品による火傷、昭和49(1974)年12月14日の転落死亡事故、原因不明の停電(このとき非常電源は起動していない)、硝酸ガスの噴出事故、昭和50(1975)年4月24日5人が一度に被ばくしたコバルト60(9,000キュリー)によるガンマ線被ばく事故な

どを報告しました。これは、労組や現場の技術者の指摘を解決しないで進めた結果起きた事故であると考えています。筆者[22]は試験というものは、あらかじめ予測された問題を処置し、科学的な見通しをもっておこなうものであると主張しました。前日の同特別委員会で政府の説明を聞いたところ、試験は問題点を出すためにおこなうものであると話していたので、筆者はこれを再度取り上げ、あらかじめ問題がわかっているのに処置をしないで試験をおこない、問題点が出てくると、それが試験の成果、あるいはそれが目的であるというやり方は、科学的方法論としても納得も推奨もできないと主張をしました。

上記衆議院科学技術振興特別委員会での労組の発言について動燃当局も無視することができず、瀬川副理事長は「80項目の要修理箇所で措置済み36件、手配中13件、ウラン試験中に手直しを12件、当面補修改造の必要のないもの21件、できるだけ現場に積極的な提案を求めて検討を加え、必要な手直しを行って、一歩一歩安全を確認して行く方針である」と述べたのです。

教育訓練の問題で、筆者[23]は、「日本で最初の再処理工場であるのに、原研では原子炉研修所を設置し、原子炉の教育・訓練を行い原子力技術者を養成しているのに、再処理には教育訓練センターがない。化学的なプロセスや化学的性質、安全性、放射性物質の取り扱いなど総合的に学んで安全に動かすことが必要である」と考え、教育訓練センターの設置を求めました。

理事長[24]は、知識はオン・ザ・ジョブ・トレーニング(実地教育訓練)を続けながら会得していくというのが工業の普通であると発言をしています。

結局、昭和55(1980)年6月1日東海事業所に上記委員会で指摘した安全教育研修所[25]が誕生しました。原子力施設、TRPに働く従事者などの安全教育、核物質の取り扱いや施設運転管理の基礎技術に係る教育訓練が開始されました。

9 おわりに

　TRPは、昭和46(1971)年6月に建設を開始し、昭和53(1978)年に運転を開始し、平成18(2006)年に終了しています。

　原子力委員会は、「再処理技術は確立している」として海外からの技術導入を決め、東海再処理工場の安全審査を設置申請段階を含め、各種の試験前に安全審査を実施し安全であるとの結論を出してきました。しかし、東海再処理工場が稼働すると相次ぐ事故・トラブル故障が発生しました。その結果、認可の処理能力を大幅に下回った平均33％程度の稼働率は、原子力委員会の判断が誤りであったことを証明しています。

　動燃は「原子力委員会の安全審査に合格し問題はないと」と組合員や地元自治体を説得し、また、安全審査の結論を受け動燃の歴代理事長は、スケジュール最優先を貫き通し、開発現場を軽視した経営に終始していたのです。

　筆者は、故障・修理の困難性と修理のため従事者たちの被ばくを極力低減するために遠隔補修技術の開発の必要性を指摘しています。しかし、労組の指摘を取り上げず従事者に無用の放射線被ばくをさせる長時間の修理作業などからTRPは、たびたび操業停止をせざるをえませんでした。原発や燃料加工工場にくらべ再処理工場の定常運転でも従事者の被ばく線量は高いものとなっています。放射線被ばくは、可能な限り低減すべきであり、そのための技術開発などの取り組みは、重要で避けて通れない技術の課題です。

　TRPは使用済み燃料の再処理事業を修了しています。日本原子力研究開発機構[26]は、廃止に向けた工程を規制委員会に報告しました。廃止の完了まで70年かかり、当面の10年間の必要経費は10年間に2170億円余りと見込まれており、規制委員会の田中俊一委員長は「非常にリスクの高い廃棄物が相当ある。ずるずる放置するわけにはいかない」と述べています。国際原子力機関(IAEA)のステージⅢに相当するデコ

ミッショニング方式は、許容レベル以上のものはすべて撤去し、跡地を再利用できるようにします[27]。その際大量の放射性廃棄物が発生します。解体作業に伴う放射線被ばく対策は避けて通れない課題であり遠隔除染、遠隔解体作業など信頼性の高い技術が必要です。また放射性廃棄物の発生量を少なくする技術の課題もあります。

　昭和54年(1979年)12月18日TRPはホット試験中で溶解槽の目詰まりなどの故障に遭遇し処理量は30トン／年程度でした。しかし、政府はこの時期の成果を基に再処理技術は確立したと判断し、国会で原子炉等規制法を一部改正して再処理の民営化に踏み切りました。本格的再処理事業もまた急がれ六ヶ所再処理工場(以下RRPという)も再びフランスからの技術を導入、処理能力年間800トンのRRP工場を平成5(1993)年から建設を開始し、平成28(2016)年現在でも操業に至っていません。以上のことからも原子力技術者の一人として筆者は、核燃料サイクルを日本の原子力政策として決定した1956年から60年もの歳月をかけながら核燃料サイクルの要である再処理技術は、いまだに未完成である、と考えます。

［参考文献と注］
1　中島篤之助　欠陥船「むつ」を生んだ原子力政策　現代と原子力(p.173)汐文社　昭和51(1976)年4月発行
2　日本で最初の再処理計画は原子力委員会の「原子力開発利用長期基本計画」(以下長計)昭和31(1956)年9月で方針を内定、動力炉・核燃料開発事業団「原子燃料公社の歩み」(以下同上と記す)(p.88)昭和55(1969)年3月発行
3　原子燃料公社は法律第94号により昭和31(1956)年8月発足、同上(p.3)
4　改訂された長計は昭和45(1970)年の後半にパイロット・プラントを原子燃料公社に建設、同上(p.88)
5　再処理専門部会は海外再処理調査団の報告を受け昭和37(1962)年4月「研究開発方針報告書」を原子力委員会に提出、同上(p.89)
6　原子燃料公社は昭和37(1962)年6月予備設計を米、英、仏3ヵ国に依頼、同上(p.91)
7　原子燃料公社は昭和41(1966)年2月詳細設計をＳＧＮに発注、同上(p.91)
8　再処理施設の故障修理の保守方式は機械セルは間接保守、化学セルは直接保守方式、同上(p.92)
9　動力炉・核燃料開発事業団の再処理施設の設置に係る安全性について　再処理施設安全審査専門部会：原子力委員会月報　昭和44年3月

10　再処理施設の安全審査を追加する決定　昭和50(1975)年2月25日　原子力委員会原子力委員会月報
11　動力炉・核燃料開発事業団『動燃十年史』(p.391)「2.6.6図　再処理施設建設スケジュール」1988年10月2日発行。[提供]国立研究開発法人　日本原子力研究開発機構
12　動力炉・核燃料開発事業団「社内報動燃」
13　動力炉・核燃料開発事業団『動燃二十年史』(p.374)「再処理工場の工程」昭和63(1988)年10月2日発行。[提供]国立研究開発法人　日本原子力研究開発機構
14、15
　アンケート80件の手直し・修理箇所：動燃労組・東海支部「速報あしおとNo.1063」昭和50(1975)年9月4日
16　当時労組の安全の確保を求めていた姿勢：動燃労組東海支部「速報あしおとNo.930」昭和50(1975)年1月6日
17　酸回収蒸発缶の加熱部から放射性物質が漏えいした事故の原因についての説明会：東海事業所事務棟会議室で再処理工場の福田五郎氏が説明、出席者は、須藤浩三東海村議、猫塚豊治東海村議、筆者の3人。
18　再処理工場における材料の選定と溶接の特徴　動力炉・核燃料開発事業団「動燃十年史」(p.395)1988年10月2日発行
19　東海再処理工場の設計処理量：動力炉・核燃料開発事業団「動燃三十年史」(P 408)1998年7月発行
20　動力炉・核燃料開発事業団『動燃三十年史』(p.407)「2.5.1図　東海再処理工場の運転実績」1998年7月発行。[提供]国立研究開発法人　日本原子力研究開発機構
21　化学試験中に発生した事故と安全対策の取り組み：(p.11)第七十六回国会衆議院科学技術振興特別委員会議事録第3号　昭和50年11月13日(p.11)
22　筆者は問題を積み残した状態で次も試験を強行する動燃の非科学性の指摘：科学技術振興特別委員会議事録第3号　昭和50年11月13日(p.2、11)
23、24
　教育訓練の問題：第七十六回国会衆議院科学技術振興特別委員会議事録第3号　昭和50年11月13日(p.18)
25　安全教育研修所を開所し教育訓練を開始：動力炉・核燃料開発事業団「動燃二十年史」1988年10月2日発行(p.465)
26　TRPの廃止に当面10年間に2170億円、廃止から完了まで70年：2016年12月1日朝日新聞
27　国際原子力機関(IAEA)のステージⅢに相当するデコミッショニング方式：日本科学者会議[編]「原子力発電　知る、考える、調べる」合同出版1985年8月15日発行(p.216)

第6章

世界の再処理工場とその事故例

舘野 淳

1　世界の再処理工場

　表1は世界の再処理工場と、過去にそこで発生した事故を示したものです。

　再処理工場には核兵器のためのプルトニウムを取り出す軍事用と、商用原子力発電所から発生した使用済み燃料を処理する民生用との二種類があります。しかし、技術的にも同じピュレックス法(溶媒抽出法)という方法を用いており、施設としても共用されている部分が多く、米国、旧ソ連、英国などの初期の施設では、これらを厳密に区別することは困難です。したがって以下に述べる事故例でも、両者を特に区別しないで述べました。プルトニウムを原料とする核兵器を組み立てる場合、この再処理施設が必要であり、したがって過去に核実験をおこなったり核疑惑をもたれたりした国々、例えば、パキスタン、北朝鮮、南アフリカ、イスラエルなどでは、再処理施設を保有していた可能性がありますが、確かなことはわかりません。原子力先進国のなかで、再処理工場が稼働している、もしくは、かって稼働したことがあると認めた国は米、仏、英、ベルギー、独、ロシア、インド、中国、日本の9ヵ国だけです。

　米国ではカーター大統領の時代に、核拡散を防止するために、INFCE(国際核燃料評価)と呼ばれる国際会議を1977年に開催し、世界各国にプルトニウムの利用中止を呼びかけました。この提案は結局参加各国の同意が得られず、プルトニウム不使用は各国が採用する政策とはなりませんでした。米国自身はプルトニウム不使用を決めたため、三つの民間商用再処理工場、ウエストバレー(ニューヨーク州)、ミッドウエスト(イリノイ州)、バーンウエル(サウスカロライナ州)がすべて稼働断念・閉鎖されました。したがって米国で稼働している再処理施設は、軍事用プルトニウム生産のための、ハンフォード、サバンナリバー(アイダホ、ロッキーフラッツは閉鎖、オークリッジ、ロスアラモスは研究機関として現存)のみです。米国では原子力発電所から出る使用済み燃料は、再処理

をせずにそのまま直接地層処分をすることになっています。

　フランスは、サイトとしてはマルクールとラ・アーグの二ヵ所があり、現在稼働中のものは、ラ・アークのUP2-800、UP3と呼ばれる施設です。これらの施設では、自国のみならずヨーロッパや日本からの委託を受けて操業をおこなっています。

　英国はセラフィールドとドーンレイの2サイトがあり、後者は主に高速炉の燃料の処理などを試験的におこなった小規模な施設です。セラフィールドはかってウインズケールと呼ばれていましたが、1957年同サイトにあった原子炉が大規模な事故を起こした以降、セラフィールドの名でよばれるようになりました。同サイトではB205、およびTHORP（ソープ）の2施設が現在稼働中です。

　ベルギーのモル、ドイツのカールスルーエなどは廃止措置をおこなっています。

　ロシアではチャリアビンスク、トムスク、クラスノヤルスクの三つのサイトがあります。

　チャリアビンスクにはプルトニウム生産用の軍事プラントB工場、BB工場などがごく初期に建設され操業をおこなっていました。これらは60年代、80年代に閉鎖されましたが操業中に大量の放射能を環境に廃棄して深刻な汚染を引き起こしたことで有名です。このサイトの一部でもあるマヤーク・コンビナートにあるRT-1工場はロシア型加圧水型炉などの原発燃料が対象であり、現在も運転を続けています。トムスクでは50年代から軍事用再処理工場として稼働していました。クラスノヤルスクでは軍事用再処理工場が稼働を続けるとともに、建設中の商用再処理施設RT-2は計画が中断しています。

　インドは、トロンベイ、タラプール、カルパッカムの3工場が稼働中。

　中国は、甘粛省酒泉の軍事用パイロット・プラントおよびこれを受けた本格的軍事用プラントが稼働しています。同じく甘粛省で蘭州のパイ

原発より危険な六ヶ所再処理工場

国名	サイト名	施設（◎印は運転中、他は廃止措置、未完成など）	事故
フランス	マルクール	UP 1、APM（TIP）、APM（TOR）	1977高レベル廃液溢水、1977プルトニウム(Pu)空気汚染
	ラ・アーグ	UP 2、UP 2-400、◎ UP 2-800、◎ UP 3、AT 1	1978排気系高濃度汚染、1981火災、1980電源喪失、1981火災
英国	セラフィールド	B204、◎ B205、FEP、◎ THORP	1970臨界事故、1973放射能大気放出、1976トリチウム汚染、1981火災、1979放射性廃液漏洩、1983放射性廃液漏出、1986440kgウラン流出、1986Pu放出、1992Pu流出、2005放射能大規模漏えい
	ドーンレイ	DFR、PFR、MTR	1987Puによる被ばく
米国	ハンフォード	T、B、REDOX、PUREX、U	1962臨界事故、1963化学反応による火災、1973放射性廃液漏出、1967爆発事故、1986臨界事故、1990爆発事故
	サバンナリバー	Fキャニオン、◎Hキャニオン	1953化学爆発、1955土壌汚染、1975火災爆発
	アイダホ	ICPP	1959、1961、1978臨界事故
	ロッキーフラッツ	PU再処理	1957金属Pu火災
	オークリッジ	Y-12	1958臨界事故、1950爆発事故
	ロスアラモス		1958臨界事故
	ウエストバレー	NF	
	モリス	Midwest	
	バーンウエル	Barnwell	
ベルギー	モル	ユーロケミック	

第6章 世界の再処理工場とその事故例

国	場所	工場名	事故
ドイツ	カールスルーエ	WAK	
	バカースドルフ	WAW	
ロシア	チャリアビンスク	B工場、 BB工場、 ◎RT-1	1957爆発事故、 1994火災、 1993化学爆発
	トムスク-7	トムスク-7	1993爆発事故
	クラスノヤルスク	クラスノヤルスク、 RT-2	
インド	トロンベイ	◎BARC	
	タラプール	◎PREFRE	
	カルパッカム	◎KAPP、 ◎LMC	
中国	酒泉	軍事用プラント	
	蘭州	◎蘭州プラント、 商業工場	
日本	東海	◎TRP	1979放射性廃液漏洩、 1981Pu誤移送、 1993作業員被ばく、 1996アスファルト固化施設火災爆発
	六ヶ所	RRP	

IAEA "Significant incidents in nuclear fuel cycle facilities" (IAEA-TECDOC-867)、
飯塚敏利「世界の再処理工場」、日本原子力学会再処理・リサイクル部会HP、などより作成

表1 世界の再処理工場と事故

ロット・プラントが稼働中であり、またこれを受けてフランスアレバ社の支援を受けた商用プラントが建設中です。

わが国は、日本原子力開発機構の東海再処理施設が稼働中(廃止検討中)、日本原燃株式会社の六ヶ所再処理工場が操業準備中です。

2 再処理工場の事故例

○火災爆発事故

世界の再処理工場での大規模な事故例を表1に示しました。これによ

ると放射能の放出・漏えい事故15件、火災爆発事故13件、臨界事故6件、その他4件となっており、圧倒的に上記3タイプの事故によって占められています。二番目の火災爆発事故が起きれば当然大量の放射能放出を伴います。ある意味では、火災爆発事故は再処理施設の典型的な事故だともいえます。なぜ再処理工場では火災・爆発事故が多いのか。それは、有機溶媒〔石油成分とリン酸トリブチル(TBP)の混合物〕や放射線分解によって発生する水素ガスなど可燃性物質がいたるところに存在し、またそれが燃えたり爆発したりするきっかけとなる高温、化学反応などの条件もそろっているからです。放射性物質を含む溶液は、冷却が止まると、崩壊熱によって昇温、放置すれば蒸発乾固によって高温へと至るからです。この意味でも再処理工場は第一級の危険性をもつ化学工場といえるでしょう。以下に具体的な火災爆発の例を挙げておきます。

・マヤーク・コンビナート廃棄物貯蔵施設の爆発事故：これまで起きた再処理施設関連の最大の事故の一つは、1957年9月29日に発生した、旧ソ連マヤーク・コンビナート(核兵器用プルトニウム生産炉と再処理施設)での放射性廃棄物の貯蔵タンクの爆発事故でしょう。この事故についてはすでに第1章でも紹介しましたが、少し詳しく述べます。キシュテム事故とも呼ばれ、メドベージェフによって「ウラルの核惨事」という名で報告されています[1]。このコンビナートは旧ソ連の秘密都市チャリアビンスクの中心部をなしていました[2]。IAEA報告書によれば[3](以下に述べる他の事故経過も主として同文書による)、7×10^{17}Bqの放射性物質を含む70～80トンの溶液をためたタンクの冷却装置にトラブルがあったため、温度が上昇・蒸発した結果、硝酸ナトリウムと酢酸塩の残留物の温度が350℃にまで達し、爆発し、約10％の放射能(チェルノブイリ事故の1/25相当)が広く環境に放出されました。事故から7～10日以内に700人が避難し、その後約1万人が避難しました。このコンビナートは以前にも処理した廃液1×10^{17}Bqを直接付近のカラチャイ湖に廃棄するなどきわめて乱暴は操業

をおこなっていたことが指摘されています[2]。

・ウインズケール（現セラフィールド）再処理工場の前処理施設での火災と放射性ガスの放出：1973年9月26日、使用済み燃料を切断溶解する施設で、ルテニウムを含む不溶性残渣が蓄積しており、これが崩壊熱により高温となり、有機溶媒に引火、セル内の内圧が上昇して放射性ガス（～1.5×10^6Bq）が操作室に流入、35名が被ばくしました。このように核分裂生成物に含まれるルテニウムなどは他の金属元素と合金を作り、溶解しない塊を作りますが、これを不溶性残渣といいます。不溶性残渣は装置の流路を詰まらせるなど様々なトラブルの原因となりますが、その挙動は十分に解明されているとはいえません。

・トムスク7での調整貯槽の爆発事故：トムスク7はロシアの古都トムスクの近くにある旧ソ連の核兵器生産のための秘密都市の一つで、事故はプルトニウム生産用の再処理施設で起きました。1993年4月6日、分離したウラン溶液からまだ残っているプルトニウムを回収するために、硝酸の濃度を調整するタンクが爆発、建屋を破壊して敷地外にプルトニウムを含む放射能が放出されました。原因は、調整槽に有機溶媒を多量に含むウラン溶液が残留しており、ここに高温のウラン濃縮液と濃硝酸を加えたため、希釈材の有機溶媒やTBP（リン酸トリブチル）の劣化物が濃硝酸と作化合物を作り、これが急激な熱分解を起こしたものと説明されていますが、爆発性のいわゆるレッドオイル[4]が生成されていた可能性も否定できないとする専門家もいます[5]。また、有機溶媒の劣化などにより、芳香族化合物（ベンゼン環を持つ炭化水素）が生成し、硝酸と反応したため爆発したのだという説明もあり[6]、十分な解明はされていません。放出された放射性物質の量は2×10^{12}Bqと推定されています。

・旧動燃（現原子力研究開発機構）東海再処理工場アスファルト固化施設における火災爆発事故：1997年3月11日旧動燃の低レベル放射性廃液を処理するアスファルト固化施設で火災爆発事故が発生しました。

（詳細は第5章参照）

再処理施設でこのように多くの火災爆発事故が起きる理由は、前述のように有機溶媒〔主に石油の成分のドデカン（$C_{12}H_{26}$）など〕可燃性の物質を扱っているからですが、それだけではありません。有機溶媒と硝酸の混合物に放射線が当たると金属硝酸塩とTBPの錯化合物であるレッドオイルと呼ばれる爆発性の物質が生成するという報告もあり、まだ十分に火災・爆発のメカニズムは解明されていません。さらに水の放射線分解によって水素ガスも発生しており、まさに危険物の集積場のような観を呈しています。

○臨界事故

再処理工場を含む原子力施設に特有な事故に臨界事故があります。臨界とは、これまでも述べたように核分裂性のウランやプルトニウムなどが一定量（臨界量といいます）以上一ヵ所に集まると、核分裂の連鎖反応が始まり、放射線や熱を発生することをいいます。以下に再処理施設以外の例も含めて臨界事故例を挙げておきます。

再処理施設ではありませんが、1999年9月30日わが国の核燃料加工工場JCO東海事業所で臨界事故が発生しました[7]。三人の作業従事者が大量の放射線を浴び、うち二人が死亡しました。核分裂性物質の水溶液を扱う場合には、水分子が中性子の減速材となるため、臨界は起こりやすく特に注意しなければなりません。そのためこれらの施設では、容積、濃度などによる管理や形状管理がおこなわれています。つまり一定の濃度以上の溶液を一定量以上まとめて扱わないこと、また溶液を入れるタンクなどは、極端に細長い形や平べったい形にして、入れた液が一ヵ所に集中しない設計（形状管理）になっています。JCOでは、作業従事者が、液を一ヵ所に集めると危険だということも知らされないままに、作業の効率を上げる目的で、形状管理されていないタンクに臨界量以上の

20％濃縮ウランの硝酸化合物溶液を注いだため、事故が発生しました。臨界事故が発生すると「青白い光が走り」以後、臨界が続く限り、中性子線が発生し続けます。中性子線はコンクリートの壁なども容易に通過するので、工場外も含めて周辺にいる人々が被ばくします。JCO事故では発生源に近づくことができず、臨界を止めるのに大変苦労しました。ということはいったん臨界事故が発生したら、施設内の従事者は、何はともあれ避難をしなければならず、事故の収束作業も不可能になる可能性があるということです。以下に世界の再処理施設で発生した臨界事故についていくつかの例を述べます。

・ロスアラモス国立研究所プルトニウム回収施設臨界事故：1958年12月30日、多様なプルトニウム回収工程を伴った処理過程で発生しました。溶液処理槽のなかには上部にプルトニウム3.3kgを含む有機相160ℓ（リットル）、下部には水相330ℓがあり、有機相の厚さは約20cmとかろうじて臨界に達していませんでした。作業員が電動攪拌機を回すと水が壁面に沿って上昇し、臨界厚さを超えました。作業員3人が被ばくし、120Svを超えた放射線を浴びて1名が死亡しました[8]。軍用の施設とはいえ、現在では考えられないような条件での作業であったように思えます。

・ユニオン・ニュークリア社ウッドリバー・ウラン回収施設での臨界事故： 再処理施設ではないため、表1には記載していませんが、1964年7月24日米国ロードアイランド州ウッドリバー・ジャンクションにある高濃縮ウラン回収装置で臨界事故が発生しました。

事故の前日、ウラン溶液濃縮用蒸発缶が詰まったため、洗浄作業をして回収したウラン溶液を、普段TCEという薬品を入れる細長い形の容器に入れて「蒸発缶からの回収液」というラベルを張っておきました。翌日、別の作業員がTCEが入っているものと思い込んで、これを調整タンクに移したところ臨界が発生しました。ウラン溶液は細長い形状の容器では臨界にはならなかったが、これが一ヵ所に集中する

ような調整タンクでは臨界になったわけです。ラベルの見落としが事故の原因ですが、ウラン溶液をそのような紛らわしい容器に入れて保管するなど、作業のやり方にも問題がありました[7]。この事故で作業員は450Sv以上を被ばくして死亡しました。事故後工場長と当直長が事故の後始末をしようとして再び臨界になり、0.5Sv程度被ばくしたとされます。

・ウインズケール・プルトニウム回収施設臨界事故：1970年8月24日英国ウインズケール（現セラフィールド）再処理工場のプルトニウム回収施設で、溶液の流れる経路にある移送トラップ（一時的に液をためるタンク）のなかで発生しました[7]。トラップは安全形状（臨界を防ぐための縦長の形状）になっていませんでした。トラップのなかでは、上に2.2kgのプルトニウムを含む40ℓの有機相、下に水相と二層にわかれており、溶液が注入されると、相の境界に分散帯（粒状の有機相）があらわれて、一時的に臨界となりました（以上の説明はわかりにくいかもしれませんが、要するに液の形状のちょっとした変化で臨界状態となることがわかっていただけると思います）。作業員2名が0.02Sv程度の被ばくを受けました。

・アイダホ化学処理工場（ICPP）の臨界事故：これまで1959年、1961年と臨界事故を起こした同工場は978年10月17日に3回目の臨界事故を起こしました。臨界のメカニズムの詳細な説明は省略しますが、有機相から水相へとウランが逆抽出されるのを抑える薬品（硝酸アルミニウム）の濃度が、バルブの漏れにより次第に低下し、あるときウランが水相に臨界濃度以上に逆抽出された結果生じました[7]。

○**放射能放出・漏えい事故**
再処理工場は濃硝酸を用いるので金属の配管などが容易に腐食し放射性溶液の漏洩がしばしば発生しています。また事故などで冷却機能が停止すると崩壊熱によって溶液は蒸発・乾固し高温となって揮発しやすい

ルテニウム化合物などが気体となって環境に放出されるケースもあります。

- 米国ハンフォード国立研究所の放射性廃棄物の大規模流出：ハンフォード・プラントは核兵器用プルトニウム生産施設として設立されました。プルトニウム生産の結果150基の地下タンクに6.5×10^7ガロンの放射性廃液が蓄積されていました。1973年4月から6月にかけてこれらのタンクからの地下への漏えいが相次いで発見されました。IAEAのデータによると[3]、11万5,000ガロンの廃液が流出し、このなかには、1.5×10^{15}Bqのセシウム137、5×10^{13}Bqのストロンチウム90、1.5×10^{11}Bqのプルトニウム239が含まれているとされます。現在この地域はワシントン州環境庁、合衆国環境保護庁、エネルギー庁の三社によって環境回復の法的枠組みがつくられ、除染が進められています。

- 英国セラフィールドTHORP再処理工場の放射性廃液の大量漏出：BNFL（英国核燃料会社）の報告は次のように述べています。「2005年4月20日THORP再処理工場で、セルの底に大量の溶解液がたまっていることがカメラ検査によって判明した。この検査は、核物質の収支に計算値と差があったことから実施された。この検査によって計量槽への供給配管が槽の近くで破損していることが判明した。セル内の溶解液の量は$83.4m^3$と推定された。調査の結果、溶解液は数ヵ月間セル内に漏出していたことが判明した。配管は2005年1月15日ごろに大きな損傷を受けたと考えられるが、この日以前、2004年7月という早い時期から漏えいは始まったと思われる。セルの底の水は、水位計のあるサンプ（水溜め）へと導かれる。さらにサンプから定常的にサンプリングする計画となっていた。計量槽は上部からつりさげられた状態で使用されていた。本報告は、配管の破損は槽の過剰な動きによって生じた疲労応力によると結論づける」[9]水位計の異常やサンプリングでの放射能の異常があっわけですが、長期にわたり報告されな

いままに放置されていたのは、内部の安全確保の体制について重大な疑問が呈されても仕方ありません。廃液流出はセルのなかだけで、外側の土壌汚染などはなかったのか、詳細は不明です。最近発生した民生用再処理工場の事故としては最大級のものといえます。

この事故はTHORP再処理工場の所有がBNFLから原子力廃止措置機関(NDA)にうつった直後に発生しました。除染や長期間にわたる操業停止はNDAの財政に大きな経済的打撃を与えたといわれています。

[注]
1 ジョレス・A・メドベージェフ著、梅林宏道訳『ウラルの核惨事』1982年、技術と人間社
2 日高三郎「核開発秘密都市チェリヤビンスク」、ウラル・カザフ核被害調査団編『大地の告発』リベルタ出版、1993年
3 IAEA "Significant incidents in nuclear fuel cycle facilities" IAEA-TECDC-867
4 宮田定次郎他「レッドオイルの合成と化学形同定」JAERI-Tech、99-040(1999)
5 市川富士夫「プルトニウムを取り出す再処理工場」舘野淳、野口邦和、吉田康彦編『どうするプルトニウム』リベルタ出版、2007年
6 西尾軍治他「トムスク7再処理施設で発生した反応性物質を含む溶媒と硝酸の熱分解反応に関する反応速度と反応熱」JAERI-Tech 96-056
7 舘野淳、野口邦和、青柳長紀『東海村臨界事故』新日本出版社、2000年
8 館森勝一、桜井聡「核燃料取扱い施設における臨界事故の解析」JAERI-M 84-155
9 「BNFL社セラフィールド再処理施設における漏えい事故について」(BNFL調査委員会報告書)資源エネルギー庁HP.

【著者略歴（執筆順）】

舘野　淳（たての　じゅん）：1936年旧満州国奉天（現瀋陽）市生まれ。1961年東京大学工学部応用化学科卒業、日本原子力研究所入所。1997年から中央大学商学部教授。2007年中央大学退職。現在核・エネルギー問題情報センター事務局長。著書に『地球をまわる放射能』（共著）、『廃炉時代が始まった』、『どうするプルトニウム』（共著）、『シビアアクシデントの脅威』他。

飯村　勲（いいむら　いさお）：1940年旧満州国ハルビン市生まれ。1965年岩手大学工学部応用化学科卒業、原子燃料公社（現日本原子力研究開発機構）入社。1971年東海再処理工場（TPR）勤務。1992〜1996年日本原燃（JNFL）六ヶ所再処理工場（RRP）へ出向。2000年60歳定年退職、以後「栃木の百姓」。

立石雅昭（たていし　まさあき）：1945年大阪市生まれ。大阪市立大学卒業、京都大学大学院修了。1979年から新潟大学理学部で教育研究に携わる。専門分野は地質学。2007年中越沖地震によって柏崎刈羽原発が被災後、新潟県の「原子力発電所の安全管理に関する技術委員会」委員となるとともに、原発問題住民運動全国連絡センター代表委員の一人として、各地の原発の耐震安全性に関して住民の立場に立って原発ゼロの運動を進めている。

円道正三（えんどう　しょうぞう）：1943年北海道生まれ。1965年茨総訓原子力科修了。1965年原子燃料公社入社（1967年動力炉・核燃料開発事業団に吸収）。高速増殖炉燃料、新型転換炉燃料の検査業務に従事。高速増殖炉燃料の開発で2件の特許取得。動力炉核燃料開発労働組合東海支部執行委員長（2期）、中央執行委員長（前期）、東海村村会議員1期。日本科学者会議会員、核エネルギー問題情報センター常任理事。

原発より危険な六ヶ所再処理工場

2017年4月27日　初版　第1刷　発行

著　者　舘野　淳、飯村　勲、立石　雅昭、円道　正三
発行者　比留川　洋
発行所　株式会社　本の泉社
〒113-0033　東京都文京区本郷2-25-6
電話 03-5800-8494　FAX 03-5800-5353
http://www.honnoizumi.co.jp/
DTPデザイン　田近裕之
印刷　新日本印刷株式会社　／　製本　株式会社　村上製本所

©2017, Jun TATENO, Isao IIMURA, Masaaki TATEISI, Shouzou Endou　Printed in Japan
ISBN978-4-7807-1612-2　C0036

※落丁本・乱丁本は小社でお取り替えいたします。定価はカバーに表示してあります。
　複写・複製（コピー）は法律で禁止されております。

公害・環境問題と東電福島原発事故

畑　明郎：編著

定価：1,700円（＋税）・四六判並製・312ページ
ISBN978-4-7807-1291-9　C0036

Ⅰ　公害・環境問題と東電福島原発事故
Ⅱ　福島放射能汚染調査　／　Ⅲ　福島放射能汚染対策
Ⅳ　福島放射能汚染への政策提言

原発を阻止した地域の闘い　第一集

日本科学者会議：編

定価：1,400円（＋税）・四六判並製・224ページ
ISBN978-4-7807-1249-0　C0036

政府の大方針の下、電力会社が地元の自治体や漁協などを巻き込みながらの、それこそ札束と恫喝にものを言わせての攻勢に対して、住民が徐々に反転攻勢を組んで行く闘いの日々は感動的ですらあります。

漂流する原子力と再稼働問題
―日本科学者会議第35回原子力発電問題全国シンポジウム（金沢）より―

日本科学者会議原子力問題研究委員会：編

定価：1,400円（＋税）・Ａ５判並製・196ページ
ISBN978-4-7807-1208-7　C0036

［執筆者］舘野　淳・清水　修二・野口　邦和・本島　勲・
立石　雅昭・児玉　一八・山本　雅彦

ルポルタージュ
原発ドリーム ―下北・東通村の現実　北原耕也：著

定価：1429円（＋税）・四六判並製・224ページ
ISBN978-4-7807-0908-7　C0095

100年ものあいだ、村内に役場庁舎も持てなかった僻村が原発誘致に託したものは何か。原発を誘致する側の論理と願望、その危うさを現地から徹底検証。原発マネーに依存しない郷土の再生へ、過疎の地にその可能性を探る。「脱原発」へ、窮乏の村の明日を展望する渾身のルポ！！

本の泉社

東京都文京区本郷2-25-6　mail@honnoizumi.co.jp
FAX03(5800)5353　TEL03(5800)8494